职业院校教学用书（电子类专业）

# 传感器原理与应用

## （第2版）

郝　芸　梅晓莉　主编

U0256547

电子工业出版社

**Publishing House of Electronics Industry**

北京·BEIJING

## 内 容 简 介

本书阐述了应用传感器的非电量测量系统的基本组成，包括被测量的获得，信号的转换、处理以及输出的控制。本书着重介绍了常用的各种传感器的工作原理与特点，常用测量电路和元器件的使用，典型的传感器测量实例，并对传感器与微机的接口技术和智能仪器进行了介绍。

本书可作为职业院校自动控制、电工与电子技术、机电、仪器仪表等专业的教科书，也可供从事检测、控制技术等相关专业的工程技术人员参考。

**图书在版编目（CIP）数据**

传感器原理与应用/郝芸，梅晓莉主编. —2 版. —北京：电子工业出版社，2013.5
职业院校教学用书. 电子类专业
ISBN 978-7-121-20492-0

Ⅰ. ①传⋯   Ⅱ. ①郝⋯ ②梅⋯   Ⅲ. ①传感器—中等专业学校—教材   Ⅳ. ①TP212

中国版本图书馆 CIP 数据核字（2013）第 106885 号

策划编辑：杨宏利
责任编辑：杨宏利
印　　刷：北京七彩京通数码快印有限公司
装　　订：北京七彩京通数码快印有限公司
出版发行：电子工业出版社
　　　　　北京市海淀区万寿路 173 信箱　邮编　100036
开　　本：787×1 092　1/16　印张：10.5　字数：268.8 千字
版　　次：2013 年 5 月第 1 版
印　　次：2025 年 2 月第 14 次印刷
定　　价：25.00 元

凡所购买电子工业出版社图书有缺损问题，请向购买书店调换。若书店售缺，请与本社发行部联系，联系及邮购电话：（010）88254888，88258888。

质量投诉请发邮件至 zlts@phei.com.cn，盗版侵权举报请发邮件至 dbqq@phei.com.cn。

本书咨询联系方式：（010）88254592，bain@phei.com.cn。

前 言

　　职业教育的教育质量和办学效益，直接关系到我国 21 世纪劳动者和专业人才的素质，关系到经济发展的进程。要培养具备综合职业能力和全面素质，直接在生产、服务、技术和管理第一线工作的跨世纪应用型人才，必须进一步推动职业教育教学改革，确立以能力为本位的教学指导思想。在课程开发和教材建设上，以社会和经济需求为导向，从劳动力市场和职业岗位分析入手，努力提高教育质量。

　　随着科学技术水平日新月异，计算机、电子、通信技术的发展更是突飞猛进，而职业教育直接面向社会、面向市场，这就要求教材内容必须密切联系实际，反映新知识、新技术、新工艺和新方法。好的教材应该既要让学生学到专业知识，又能让学生掌握实际操作技能，而重点放在学生的操作和技能训练方面。

　　此次教材修订后具有以下突出的特点： 教材密切反映电子信息技术的发展，在现代测量与控制技术中，非电量测量与探测占有重要地位，这就要用到各种类型的传感器，将各种不同的信号转换成电量。目前非电量测量的书籍，大多着重于原理论述少实际应用。本书根据国内外的大量参考书籍和实践资料，在必要理论知识介绍的前提下，推出许多典型应用实例。根据大纲要求，重点介绍了典型传感器的工作原理 。为了反映当前技术发展状况，介绍了传感器的使用电路和典型传感器的应用实例，并且较具体地介绍了电路原理、使用方法和特点。

　　本教材的编写一改过去又深又厚的模式，突出"小模块"的特点，为不同学校依据自己的师资力量和办学条件灵活选择不同专业模块组合提供方便。本书共分 12 章。第 1 章介绍了非电量测量的基本知识；第 2 章至第 10 章介绍了典型传感器，讲解了传感器的原理、测量电路和应用实例，使读者对信号的检测、传输和处理有一个比较系统和完整的概念；第 11 章是传感器与微机接口技术，介绍了常用的接口芯片和连接方法；第 12 章介绍智能仪器的组成、通用总线标准。

　　本课程总学时为 60 学时（不包括实验），理论与实践并重，并将两者有机地结合。本书由天津电子信息职业技术学院的郝芸和重庆电子工程职业学院梅晓莉担任主编。郝芸编写了第 1 到第 7 章以及第 8.1 节，梅晓莉编写了第 8.2 节、第 8.3 节以及第 9 章到第 12 章，在编写过程中，得到许多学校老师的大力支持，在此一并表示感谢。

　　由于非电量测量与传感器所涉及的知识面相当广泛，而我们的水平有限，本书在内容的选择与安排上可能会有不妥之处，敬请读者批评指正。

编　者

目 录

绪　论

传感器技术是运用在自动检测和控制系统中，并对系统运行的各项指标和功能起重要作用的一门技术。系统的自动化程度越高，对传感器的依赖性就越强。传感器技术所要解决的问题是如何准确可靠地获取控制系统中的信息，并结合通信技术和计算机技术完成对信息的传输和处理，最终对系统实现控制的目的。传感器技术、通信技术和计算机技术是现代信息技术的三大基础学科，它们分别构成了自动检测控制系统的"感觉器官"，"中枢神经"和"大脑"。

传感器技术是研究各门学科的基础。无论哪一门学科，哪一种技术，哪一个被控制对象，没有科学地对原始数椐的检测，无论是信息转换、信息处理，还是数据显示，乃至于最终对被控制对象的控制，都将是一句空话。

传感器技术遍布各行各业、各个领域。在航空航天领域，以"阿波罗 10 号"运载火箭为例，检测加速度、声学、温度、压力、流量、速度、应变等参数的传感器共有 2077 个，宇宙飞船部分共有各种传感器 1218 个。在飞行器研制过程中，对样机使用了各种传感器进行地面和空中测试，以确定符合各项技术性能的指标。在飞行器中，装备了各种检测、显示和控制系统，以反映飞行器的飞行参数和发动机的各项指标参数，提供给驾驶员和控制室去控制和操纵。

在现代工业生产中，自动化生产越来越普遍。仅以机床为例，以前只是测量一些静态或稳态的性能参数，而现在随着科学技术的进步和加工质量的提高，需要测量许多动态性能，如机床床身的振动，轴向、径向位移的变化，刀具的磨损，负载的变化，工件的尺寸等。这些物理量的测量都需要大量的传感器。此外，在机械加工过程中，各种保护措施的实施也是自动完成的，如对人身安全的保护需要利用传感器的自动检测来完成。

传感器在基础学科的研究中具有更突出的地位。现代科学技术的发展，带领人们进入了许多新领域。例如观察大到上千光年的茫茫宇宙，小到 $10^{-13}$cm 的粒子世界，时间长达数十万年的天体演化，短到 $10^{-24}$s 的瞬间反映，都离不开传感器技术的广泛应用。此外，在各种尖端技术的研究中（如超高温、超低温、超高压、超低压、超高真空、超强磁场、超弱磁场等等），传感器技术都得到广泛的应用。显然，要获取人类感官无法获得的这些信息，没有相应的各种传感器是不可能的。因此，传感器技术的发展是许多边缘学科、尖端技术的先驱。可以说，没有检测就没有科学技术。

现代计算机的出现给人类文明发展带来了巨大的影响。计算机信息的获得，主要是依靠传感器检测得到的。传感器将某些信息提取并转换成计算机系统所能够识别的信号，通过计算机进行信息处理，并输出控制信息，从而完成各种控制要求。传感器的发展将使计算机的功能得到更充分的利用，并将促进计算机技术的进一步发展。

在现代医学领域，人们对疾病的诊断和治疗也离不开传感器技术。只有在利用传感器检测出人们病变的所在和性质后，才能实现治疗和处理。

在日常生活中，各种家用电器的自动化工作也离不开传感器技术的使用。例如：温度和湿度的测控，生活空间中各种保护装置的开启，都是先通过传感器进行检测而实现控制的。

传感器技术主要介绍自动控制系统中常用的各种传感器。它是自动控制系统中的首要环节，它与信号处理装置和执行机构共同构成自动控制系统。如图 0-1 所示是自动控制系统的原理框图。由传感器检测被控对象的某些参数，再将其转换成控制系统（如图中的信号处理电路）所能够接收和识别的信号（如计算机系统接收的数字量），经控制系统进行处理后，再发出控制信号，驱动执行机构对被控对象实现某种操作或显示输出，以达到对整个系统进行测量或控制的目的。

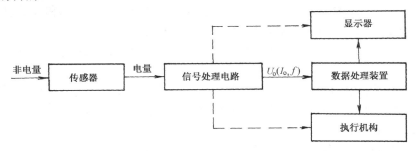

图 0-1　自动控制系统原理框图

本书主要介绍各种传感器的测量转换原理、测量电路、使用方法、常见型号及特点，学习这些内容需要具备一定的物理基础知识、电子基础知识和机械基础知识。

# 第1章

# 测量与传感器

## 1.1 测量与测量误差

### 1.1.1 测量

测量是人们借助于专门设备，通过一定的技术手段和方法，对被测对象收集信息、取得数量概念的过程。它是一个比较过程，即将被测量与和它同性质的标准量进行比较，获得被测量为标准量的若干倍的数量概念。传感器获取被测对象的参数，也是一种测量。

测量结果可以是一定的数字，也可以是某种图线。但无论其形式如何，测量结果总包含有两部分：即大小（包括符号的正、负）及相应的单位。测量结果不注明单位，则该结果无意义。

测量是一个过程，它包括比较、平衡、误差和读数，这一过程的核心是比较。此外，还必须进行一定的变换。因为人们的感官能直接给出定量概念的被测量不多，绝大多数的被测量都要变换为某一个中间变量，然后才能给出定量的概念。例如，人的感官对温度只能给出定性的冷暖概念，而要想得出定量的概念，则需要利用物质热胀冷缩的原理，把温度变换为中间变量，如长度，然后进行比较和测量。因此，变换是实现测量的必要手段，是为了有效地进行测量。再比如，在自动检测控制系统中，多数被测量是模拟量，通常需要将其转换成数字量，才能送到计算机中进行数据处理。因此，必须用传感器将模拟量变换成为标准电量（电压或电流），再经 A/D 转换器送入计算机中。

测量的目的就是求取被测量的真值。所谓真值是指在一定的客观条件下，某物理量确切存在的真实值。但是，真值是永远无法获得的。因为在测量中会不可避免地产生各种误差，这是由于测量设备、测量方法和手段以及测量者本身因素的影响，而且是无法克服的影响。例如，在测量温度时，热量可以通过温度传感器从被测物体上传导出来，这样，将导致温度的下降。因此，测量结果并未反映出被测对象的真实面貌，而仅仅是一种近似值。

### 1.1.2 测量误差

测量结果偏离真值的大小是由测量误差来衡量的，测量误差的大小反映了测量结果的好坏，即测量精度的高低。因此，为了使测量结果更接近真值，提高测量的精确度，有必要讨论一下误差产生的原因、种类，以便在测量过程中想办法减小误差，提高测量的精确度。

造成测量误差的原因是多方面的，表示误差的方法也是多种多样的。

**1．绝对误差和相对误差**

误差可以用绝对误差和相对误差来表示。绝对误差用$\Delta$表示，它是指某一物理量的测量值$A_x$与真值$A_0$之间的差值，即$\Delta=A_x-A_0$。

由于真值是无法求得的，所以常常用基准器的量值代表真值，叫做约定真值，其与真值之差可以忽略不计。为了使用方便，有时用"真值"这个词来代替"约定真值"。绝对误差是有量纲的。

有时绝对误差不足以反映测量值偏离真值的程度，为了说明测量精确度的高低，引入了相对误差这一概念。相对误差常用百分比的形式来表示，一般多取正值。相对误差有以下几种。

（1）实际相对误差$\gamma_A$：实际相对误差$\gamma_A$是用绝对误差$\Delta$测量实际值（即真值）$A_0$的百分比表示，即

$$\gamma_A=\frac{\Delta}{A_0}\times100\%$$

（2）示值（标称）相对误差$\gamma_x$：示值相对误差$\gamma_x$是用绝对误差$\Delta$与被测量的仪器示值$A_x$的百分比值来表示的相对误差值，即

$$\gamma_x=\frac{\Delta}{A_x}\times100\%$$

（3）满度（引用）相对误差$\gamma_m$：满度（引用）相对误差$\gamma_m$是用绝对误差$\Delta$仪器的满度值$A_m$的百分比表示的相对误差，即

$$\gamma_m=\frac{\Delta}{A_m}\times100\%$$

在上式中，当$\Delta$取最大值$\Delta_m$时，若仪表的下限为零（$A_{min}=0$），满度相对误差$\gamma_m$常用来确定仪表的精度等级$S$，即

$$S=\left|\frac{\Delta_m}{A_m}\right|\times100$$

若仪表的下限不为零（$A_{min}\neq0$），则有

$$S=\left|\frac{\Delta_m}{A_{max}-A_{min}}\right|\times100$$

精度等级$S$规定取一系列标准值。在我国电工仪表中常用的精度等级有以下七种：0.1，0.2，0.5，1.0，1.5，2.5，5.0。仪表的精度从仪表面板上的标志就可以判断出来。通常可以根据精度等级$S$以及仪表的量程范围，推算出该仪表在测量过程中可能出现的最大绝对误差$\Delta_m$，从而正确选择适合测量要求的仪表。

**【例1】** 现有0.5级的（0～400）℃的和1.5级的（0～100）℃的两个温度计，要测量50℃的温度，应采用哪一个温度计较好？

**解：** 当用0.5级的温度计测量时，可能出现的最大示值相对误差为

$$\gamma_m=\frac{\Delta_{m1}}{A_x}\times100\%=\frac{400\times0.5\%}{50}\times100\%=4\%$$

若用 1.5 级的温度计测量时，可能出现的最大示值相对误差为

$$\gamma_{\mathrm{m}} = \frac{\Delta_{\mathrm{m2}}}{A_{\mathrm{x}}} \times 100\% = \frac{100 \times 1.5\%}{50} \times 100\% = 3\%$$

经过计算得出，使用 1.5 级的温度计测量时，其示值相对误差比使用 0.5 级温度计测量时的示值相对误差小，因而更为合适。由此可知，在选用仪表时，应兼顾精度等级和量程。根据经验通常，希望示值落在仪表满度值的 2/3 附近。

### 2．粗大误差、系统误差和随机误差

（1）粗大误差（Gross error）：粗大误差也称过失误差，是指那些明显偏离真值的误差。造成粗大误差的原因主要是由于测量人员的粗心大意或电子测量仪器突然受到强大的干扰而引起的，例如测错、读错、记错、外界过电压尖峰干扰等因素而造成的误差。从数值的大小而言，粗大误差明显地超过在正常条件下的误差。当发现粗大误差时，应予以排除。

（2）系统误差（Systematic error）：系统误差也称装置误差，是指服从某一确定规律的误差。它反映了测量值偏离真值的程度。按照误差表现的特点，系统误差可分为恒值误差和变值误差两大类。误差值不变的称为恒值误差。例如，由于刻度盘分度差错或刻度盘移动而使仪表的刻度产生误差，就属于该类型。其余大部分的附加误差都归属于变值误差。例如，由于环境温度波动而使电源电压出现波动、电子元件老化、机械零件变形移位、仪表零点的漂移等均属此类。总之，系统误差的特征是，系统误差具有一定规律性，其产生原因具有一定的可知性。因此，应尽可能预先了解各种系统误差的成因，并设法消除其影响。通常可以通过实验的方法或引入修正值的方法予以修正，也可以重新调整测量仪表的有关部件来消除该误差。

在一个测量系统中，测量的准确度通常由系统误差来表征，系统误差越小，则表明测量的准确度越高。

（3）随机误差（Random error）：同一测量条件下，多次对同一被测量进行测量，有时会发现测量值时大时小，具有一定的随机性，这种误差即为随机误差，也称为偶然误差。随机误差是一种服从大多数统计规律的误差，虽然某个误差的出现是随机的，但就误差的整体而言，它具有一定的规律性。随机误差的产生是由很多影响量的微小变化的总和所造成的，难以具体分析。但对其总和可用统计规律描述。随机误差的大小通常用精密度来表示。随机误差越大，测量的精密度越低，而随机误差越小，测量的精密度就越高。通常我们可以对同一被测量进行等精度的多次测量，对其结果取平均值以减小随机误差。

### 3．静态误差和动态误差

（1）静态误差（Static error）：被测量不随时间变化时所得到的误差称为静态误差。前面讨论的误差，大多数属于静态误差。

（2）动态误差（Dynamic error）：当被测量随时间迅速变化时，系统的输出量在时间上不能与被测量的变化精确吻合，这种误差即为动态误差。动态误差是由于测量系统（或仪表）存在着各种惯性，使其对输入信号的变化响应滞后，或输入信号中不同的频率成分在通过测量系统时，受到不同的衰减和延迟而造成的误差，它的大小为动态测量和静态测量时所得误差的差值。

### 1.1.3　测量方法

测量方法多种多样，分类的方法也各不相同。例如，根据被测量是否随时间变化，可分为静态测量与动态测量；根据测量的手段不同，可分为直接测量与间接测量；根据测量时与被测对象的接触与否，可分为接触式测量和非接触式测量；为了监视生产过程，可在生产线上随时监视产品质量的测量称为在线测量，反之称为非在线测量；根据被测量读数方法的不同，又可分为偏差法测量、零位法测量、微差法测量。

**1. 直接测量与间接测量**

（1）直接测量：使用事先经过标定的有分度的仪表对被测量进行测量，从而得出被测量的数值，这种测量方法称为直接测量。直接测量既可以采用直接比较法，把同一种物理量的被测量与标准量直接进行比较；也可以采用间接比较法，把被测量变换为能够与标准量直接比较的物理量，然后再进行比较。在电测技术中有很多采用直接比较法的实例，而非电量电测技术中全部采用间接比较法进行测量。例如在应变式测力计中，先由弹性体把力变换为形变，再由应变计将形变变换为电阻值的变化，然后与标准电阻相比较。测量时应当由标准测力计标定分度。

（2）间接测量：所谓间接测量是指通过对若干个与被测量有确定的函数关系的物理量进行直接测量，然后再通过代表该函数关系的公式、曲线或表格求出未知量的测量方法。在现代测量中，一般通过检测元件检测出被测量，然后再通过信息处理部件（运算放大器或微处理器）来进行数据分析处理，最终得到未知被测量的值。间接测量随着现代测量技术的发展得到了越来越广泛的应用。

**2. 偏差法、零位法和微差法测量**

（1）偏差法测量：在测量过程中，被测量作用于测量仪表的比较装置（指针），使该比较装置产生偏移，这种利用测量仪表的指针相对于刻度的偏差位移直接表示被测量数值的测量方法，称为偏差法测量。在使用该测量方法时，必须事先用标准量具对仪表刻度进行校正。显然，采用偏差法测量的仪表内不包括标准量具。例如，使用弹簧秤测量物体的质量，用磁电式电压表测量电压等，都属于直接用指针偏移的大小来表示被测量的偏差法测量。

偏差法测量容易产生灵敏度漂移和零点漂移。例如，日久天长，随着弹簧的弹性系数的变化，弹簧秤的读数产生偏差。所以，必须定期对偏差式仪表进行校验和校正。偏差法测量虽然过程简单、迅速，但由于刻度的精确度不能做得很高，因而其测量精度一般不高于 0.5%。

（2）零位法测量：在测量过程中，被测量作用于测量仪表的比较装置，利用指零机构的作用，使被测量和已知标准量两者达到平衡，根据指零机构的示值为零来确定被测量的值指示该已知标准量的值。这种测量方法称为零位法测量。在使用零位法测量的仪表中，标准量具是装在测量仪表内的，可以通过调整标准量来进行平衡操作，当两者相等时，用指零仪表的零位来指示测量系统的平衡状态。

例如，用天平来测量物体的质量，用自动平衡电位差计测量电压，是零位法测量的典型实例。图 1-1 是自动平衡电位差计原理图。当有被测电压 $U_x$ 出现并接入系统，放大器有电压输出，这个电压会使电动机有转速输出，通过传动机构带动电刷移动，从而改变 $U_R$ 大小，在某一时刻会出现放大器的两输入电压相同，放大器输出为零，电动机停转，电刷停止在一个固定的位置，此时的被测电压就等于标准电压 $U_R$。上述的测量过程就是零位法测量。在零位法测量中，测量结果的误差主要取决于标准量的误差，因此测量精度较高，但平衡过程比较复杂，多用于缓慢信号的测量。

（3）微差法测量：微差法测量是偏差法和零位法测量的综合应用。在测量时，被测量的绝大部分都被用零位法测量的比较装置的标准量所抵消，其剩余部分，即两者的差值再用偏差法来测量。钢板厚度测量仪原理图如图 1-2 所示。标准厚度钢板产生的电压，作为标准电压 $U_R$，当有被测钢板出现时，经过信号处理电路得到的电压 $U_i$ 作为被测电压。两者接入差动放大电路的不同输入端，如果钢板厚度与标准厚度相同，放大电路输出电压为零，如果厚度不同，将输出极性不同、大小不等的电压信号，极性反映的是被测钢板厚度比标准厚度是大还是小。使用微差法测量的仪表在使用时要定期用标准量来校正，以保证其测量精度。

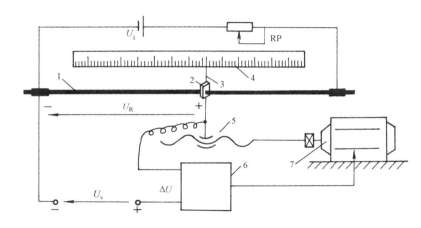

图 1-1　自动平衡电位差计原理图

1—滑线电阻；2—电刷；3—指针；4—刻度尺；5—传动机构；6—检零放大器；7—伺服电动机

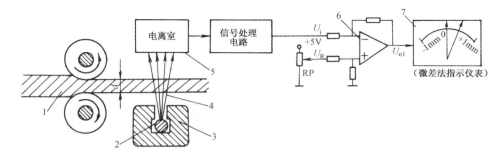

图 1-2　钢板厚度测量仪原理图

1—被测钢板；2—放射性物质；3—铅盒；4—γ射线；5—射线探测器；6—差动放大器；7—指示仪表

## 1.2　传感器

### 1.2.1　传感器的定义、组成和分类

对于一个测量系统，它所测量的各种物理量，其形式是不一样的，可以是机械量、电磁量、热工量、光学量……，但不论是哪种物理量，它们都可以分为模拟量和数字量两大类。传感器是一种以测量为目的，以一定的精度把被测量转换为与之有确定关系的、易于处理的电量信号输出，如电压、电流、频率等信号。这一定义包含以下方面。

（1）传感器是一种测量装置，能够完成一定的检测任务；

（2）它的输入量种类很多，且多为模拟信号的非电量；

（3）它的输出量是经转换后的电量信号，且有一定的对应关系和转换精度。

传感器是由敏感元件、传感元件及测量转换电路三部分组成的。其中敏感元件是在传感器中直接感受被测量的元件，通过它可以将被测量转换成为与之有确定关系的、便于转换的非电量信号。该信号再通过传感元件，被转换为电参量。测量转换电路的作用就是将传感元件输出的电参量再转换成易于处理的电压、电流或频率量。应当注意的是，不是所有的传感器都有敏感元件和传感元件之分，有些传感器则将两者合二为一。图 1-3 是传感器组成原理框图。

图 1-3　传感器组成原理框图

敏感元件与传感元件在结构上常装在一起。为了减小外界对转换电路的影响，也希望它们装在一起，但限于空间结构，转换电路常装入单箱内。在转换电路后面，往往还有信号的放大、处理、显示等后续电路，它们通常不包含在传感器的范围之内。图 1-4 为电位器式气体压力传感器简图。传感器将被测气体压力转换成弹簧管自由端的位移，电位器将位移转换成电阻值的变化，通过测量电路再转换成电压的输出。这里的弹簧管就是敏感元件，电位器就是传感元件，同时它又是转换电路的一部分。

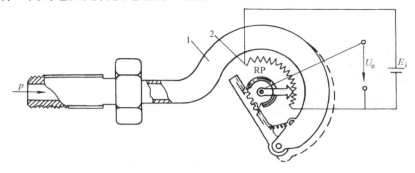

图 1-4　电位器式气体压力传感器简图

1—弹簧管；2—电位器

测量气体压力，还可以用下面的传感器，如图 1-5 所示为电感式气体压力传感器结构简图。膜盒 2 的下半部与壳体 1 相连，上半部通过连杆与磁心 4 相连，磁心 4 置于两组线圈 3 中，线圈通过导线连接于转换电路 5。其中，膜盒是敏感元件，它能将被测气体压力转换成膜盒中心的位移，通过连杆将此位移作用于磁心上，磁心与线圈组成的是电感传感器，它是一个传感元件。因而，膜盒的位移使传感器的自感 $L$ 变化，并通过转换电路输出电压。

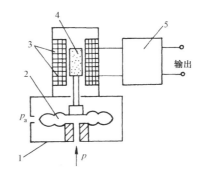

图 1-5　电感式气体压力传感器结构简图

1—壳体；2—膜盒；3—线圈；4—磁心；5—转换电路

利用传感器可以对多种物理量进行检测，相同的被测量又有不同的测量方法，而不同的传感器又是由不同的工作原理制造出来的。为了便于全面了解传感器的性能与结构，下面将介绍几种不同的传感器分类方法。

**1．按传感器输出量的性质分类**

按传感器输出量的性质分类，传感器可以分为：

（1）参数传感器：如触点传感器、电阻传感器（电位器、热敏电阻、光敏电阻、气敏电阻、压敏电阻等传感器）、电感传感器（自感、差动变压器、压磁、涡流等传感器）、电容传感器、气动传感器等；

（2）光电传感器：如光电池、压电传感器、磁电传感器、热电偶、霍尔传感器等；

（3）脉冲传感器：如光栅、磁栅和感应同步器等；

（4）特殊传感器：如超声波探头，电磁检测装置等。

**2．按被测量的性质分类**

按被测量的性质分类，传感器可以分为机械量传感器（几何尺寸、几何形状、力、速度、加速度、振动、光洁度、产品计数等传感器）、热工量传感器（温度、温差、压力、流量、气体成分等传感器）、探伤传感器等。

**3．按传感器的结构分类**

按传感器的结构分类，传感器可以分为：直接传感器、差动传感器、补偿传感器等。

## 1.2.2　传感器的特性

传感器的特性一般是指传感器的输入、输出特性，它有静态和动态之分。传感器动态特性的研究方法与控制理论中介绍的相似，故不再重复。下面仅介绍被测物理量处于稳定状态时的静态特性的性能指标。

（1）灵敏度（Sensitivity）：是指在稳定状态下，传感器的输出量变化值与引起此变化的输入量变化值之比，用 $K$ 来表示

$$K = \frac{\mathrm{d}y}{\mathrm{d}x} \approx \frac{\Delta y}{\Delta x}$$

式中，$x$ 为输入量；$y$ 为输出量；$K$ 为灵敏度。对于线性传感器来讲，灵敏度为一常数；对于非线性传感器，灵敏度是随输入量的变化而变化的。图 1-6 是传感器输出特性与灵敏度的关系曲线。从输出特性曲线上看，曲线越陡，则灵敏度越高，通过作该曲线切线的方法可以求得曲线上任一点处的灵敏度。

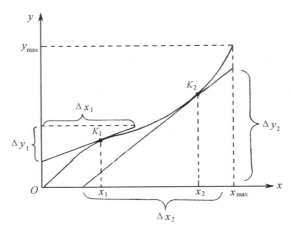

图 1-6　传感器输出特性与灵敏度关系曲线

（2）分辨率（Resolution）：是指传感器能检测出的被测信号最小变化量。当被测信号的变化量小于分辨率时，传感器对输入量的变化无任何反应。对数字仪表而言，如果没有其他附加说明，一般都可以认为该仪表的最后一位所表示的数值即为该仪表的分辨率，有时也可以认为是它的最大绝对误差。

（3）线性度（Linearity）：又称为非线性误差，是指传感器实际特性曲线与拟合直线之间的最大偏差和传感器满量程输出的百分比，即

$$r_{\mathrm{L}} = \frac{\Delta L_{\max}}{y_{\max} - y_{\min}} \times 100\%$$

式中，$r_{\mathrm{L}}$ 为线性度；$\Delta L_{\max}$ 为传感器实际特性曲线与拟合直线之间的最大偏差；$y_{\max}$ 为传感器最大量程；$y_{\min}$ 为传感器最小量程。

图 1-7 是传感器线性度示意图。拟合直线是指与传感器实际输出特性最相近的一条直线，通常这条直线要用计算机去寻找。为了计算方便，可以用传感器实际输出特性两端点的连线来代替，这条连线称为端基理论直线。一般传感器的线性度越小越好。

（4）迟滞（Hysteresis）：是指传感器正向特性与反向特性的不一致程度，通常用 $\gamma_{\mathrm{H}}$ 来表示。它也称为迟滞系数

$$\gamma_{\mathrm{H}} = \frac{1}{2} \times \frac{\Delta L_{\max}}{y_{\max} - y_{\min}} \times 100\%$$

一般希望迟滞 $\gamma_{\mathrm{H}}$ 越小越好，传感器迟滞特性示意图如图 1-8 所示。

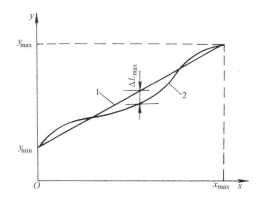

图1-7 传感器线性度示意图

1—传感器正向特性；2—传感器反向特性；

$\Delta H_{max}$—正向特性与反向特性的最大差值

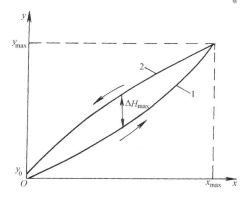

图1-8 传感器迟滞特性示意图

1—拟合直线；2—实际特性曲线；

$\Delta L_{max}$—实际特性与拟合直线间的最大偏差

# 思考题

1.1 什么是测量？测量为什么会带来误差？举例说明绝对误差不能真正反映测量结果的好与坏。

1.2 现有一个1.5级的万用表，量程有10V挡和15V挡两挡，要测8V电压，应选哪个量程？为什么？

1.3 已知一压力计测量范围为（0~10）MPa，输出特性为$U_o=1+0.5p-0.02p^2$。计算它的灵敏度。

1.4 有一温度计，精度为0.5级，量程为-50℃~150℃。如测量100℃的温度，可能出现的示值相对误差是多少？

1.5 数字式测量传感器的分辨率和什么有关系？

1.6 图1-9是射击弹着点示意图，试分析各包含哪些误差？设想各由哪些原因造成？

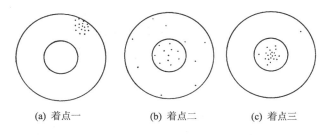

(a) 着点一      (b) 着点二      (c) 着点三

图1-9 射击弹着点示意图

1.7 一测量仪表，示值下限为零时，若绝对误差取最大值，仪表的精度与满度相对误差的关系是什么？若为1.0级表时，它的满度相对误差为多少？

# 第 2 章

# 电阻式传感器

电阻式传感器的基本转换原理是将被测量的变化转换成传感元件电阻值的变化，然后通过转换电路将电阻值的变化转换成电压或电流的输出。电阻是电量中最常用的物理量之一，因此电阻式传感器的应用非常广泛。本章研究的电阻式传感器主要为电阻应变片、热电阻、气敏电阻和电位计式电阻等传感器。利用电阻式传感器可以对应力、位移、温度、加速度、气体成分、湿度等参数进行测量。一般说来，电阻式传感器结构简单，性能稳定，且灵敏度较高，有的还适合于动态测量。

## 2.1 电阻应变式传感器

### 2.1.1 应变片与应变效应

电阻应变式传感器是利用电阻应变片将应变转换为电阻变化，再用相应的测量电路（如电桥）将电阻转换成电压输出的传感器。任何非电量，只要能设法变换为应变，都可以利用电阻应变式传感器进行测量。例如，测压力时，可以利用弹性敏感元件将压力转换成为应变，再将应变片贴在敏感元件上，测量出应变片阻值变化引起的电压输出。因此，电阻应变式传感器的核心部分即为电阻应变片。常用的电阻应变片有电阻丝应变片和半导体应变片两种。

#### 1. 电阻丝应变片的结构

电阻丝应变片是用直径很细（约 0.025mm），具有高电阻率的电阻丝排列成栅网状，并粘贴在绝缘的基片上，电阻丝的两端焊接引出导线，线栅上面粘贴覆盖层（保护用）。电阻丝应变片结构示意图如图 2-1 所示。

图 2-1 中，$l$ 为应变片的工作基长，$b$ 为应变片的工作宽度，$b \times l$ 为应变片的使用面积。应变片的规格一般以有效使用面积或标称阻值表示。例如，某电阻丝应变片为 $(4 \times 8)mm^2, 100\Omega$。

#### 2. 应变效应

电阻丝应变片的应变效应，可以从单根导线的电阻值 $R$ 入手分析。

【例 1】 有一根金属单丝，其长度为 $l$，截面积为 $S$，电阻率为 $\rho$，则其电阻值

$$R = \rho \frac{l}{S}$$

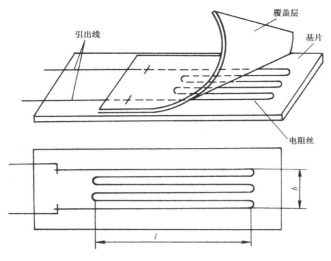

图 2-1  电阻丝应变片结构示意图

若沿着整条电阻丝长度作用均匀应力，由于 $l,\rho,S$ 的变化均会引起 $R$ 的变化，对上式求全微分，经整理得

$$\frac{\Delta R}{R} = \frac{\Delta l}{l}(1 + 2\mu) + \frac{\Delta \rho}{\rho} = \frac{\Delta l}{l}\left(1 + 2\mu + \frac{\Delta \rho / \rho}{\Delta l / l}\right)$$

此式就是应变效应的表达式。其中 $K = 1 + 2\mu + \dfrac{\Delta \rho / \rho}{\Delta l / l}$ 为应变灵敏系数，而电阻丝的 $\dfrac{\Delta l}{l}$ 即为电阻丝的轴向应变 $\varepsilon_x$。因此

$$\frac{\Delta R}{R} = K\varepsilon_x$$

此式说明：应变片电阻值的变化，可以归结为电阻丝的轴向应变。测量时选定应变片，电阻丝的应变灵敏系数也就相应确定，应变片电阻值的相对变化量与应变片承受的轴向应变呈正比关系。

### 3. 电阻丝应变片的结构、材料和特点

根据应变片原材料形状和制造工艺的不同，它的结构形式常见的有丝式、箔式和薄膜式三种。图 2-2 所示为丝式、箔式电阻丝应变片的结构形式。

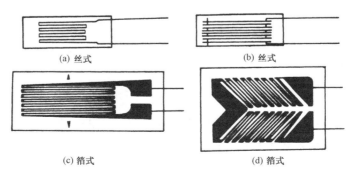

(a) 丝式　　　　　　　　　　　(b) 丝式

(c) 箔式　　　　　　　　　　　(d) 箔式

图 2-2  电阻丝应变片结构形式

丝式应变片是最早使用的一种应变片，其应变片蠕变较大，而金属丝也较易脱胶，有被箔式应变片逐渐取代之势，但由于价格低廉，多用于应变、应力的一次性实验。

箔式应变片是一种通过光刻、腐蚀等工艺制造成的很薄的金属箔栅。箔的材料多为电阻率高、热稳定性好的铜镍合金（康铜）。其厚度一般在（0.001～0.005）mm，基片厚度多为（0.03～0.05）mm，基片和覆盖层多为胶质膜。箔式应变片的优点是表面积与截面积之比较大，散热条件好，允许有较高的电流密度，且灵敏度高，横向效应小，蠕变小，耐疲劳，寿命长，可以制成任意形状，易于加工，适用于成批生产，且成本低。目前已经广泛应用于各种应变式传感器的结构中。

在制造工艺上，还可以对箔式应变片进行适当的热处理以便使其线胀系数、电阻温度系数以及被粘贴试件的线胀系数三者相互抵消，从而将温度的影响降到最低程度。目前使用该工艺制造出来的应变式传感器在整个使用温度范围内，其温漂小于万分之几。

薄膜式应变片是采用真空蒸镀技术，在很薄的绝缘基片上蒸镀金属电阻材料薄膜，最后再加上保护层制成的，为薄膜技术发展的产物（所谓薄膜是指厚度在 0.1μm 以下的膜）。它的主要优点是应变灵敏系数高，允许的电流密度大等。表 2-1 列出国内常用的应变片的型号与参数，以供参考。

表 2-1　几种常用的国产应变片

| 型　号 | 形　式 | 阻值（Ω） | 灵敏系数 $K$ | 线栅尺寸（mm） |
|---|---|---|---|---|
| PZ-17 | 圆角线栅、纸基 | 12±0.2 | 1.95～2.1 | 2.8×17 |
| 8120 | 圆角线栅、纸基 | 118 | 2.0±1% | 2.8×18 |
| PJ-120 | 圆角线栅、纸基 | 120 | 1.9～2.1 | 3×12 |
| PJ-320 | 圆角线栅、纸基 | 320 | 2.0～2.1 | 11×11 |
| PJ-5 | 箔式 | 120±0.5% | 2.0～2.2 | 3×5 |
| BZ2×3 | 箔式 | 87±0.4% | 2.05 | 2×3 |
| BZ2×1.5 | 箔式 | 35±0.4% | 2.05 | 2×1.5 |

应变片在实际测量中应用非常广泛，主要是由于它具有以下的特点：

（1）灵敏度高，性能稳定可靠，常用于测量（1～2）μm 的应变，误差小于±1%。

（2）应变片尺寸小，重量轻，结构简单，使用方便，测量速度快，可用于动态测量。

（3）测量范围大，可测变形范围从±1%～±20%。

（4）适应性强，可以在高温、低温、高压、水下、强磁场、强辐射下工作（有温度补偿措施）。

（5）适于远距离测量。

### 4．半导体应变片

金属电阻应变片有一大弱点，就是灵敏系数 $K$ 较低（约 2.0～3.6），在 20 世纪 50 年代出现了半导体应变片，其灵敏系数比金属电阻应变片的灵敏系数约高 50 倍。对一块半导体的某一轴向施加作用力时，它的电阻率会发生一定的变化，这种现象即为半导体的压阻效应。不同类型的半导体，施加不同载荷方向，压阻效应不一样。压阻效应大小用压阻系数表示。半

导体应变片电阻率的变化可用下式表示

$$\frac{\Delta\rho}{\rho} = \pi_x F_x + \pi_y F_y$$

式中，$\pi_x$，$\pi_y$ 为纵向、横向压阻系数，此系数与半导体材料种类及应力方向与各晶轴方向之间的夹角有关；$F_x$，$F_y$ 为纵向、横向承受的应力。

目前使用最多的是单晶硅半导体。几种常用的半导体应变片及其参数如表 2-2 所示。

表 2-2 几种常用半导体应变片

| 型　　号 | PBD7-1K | PBD6-350 | PBD7-120 | KSN-6-350-E3-23 | KSP-3-F2-11 | MS105-350 |
|---|---|---|---|---|---|---|
| 材　　料 | P 型单晶硅 | P 型单晶硅 | P 型单晶硅 | N 型单晶硅 | N 型+P 型单晶硅 | P 型单晶硅 |
| 硅条尺寸（mm） | 7×0.4×0.05 | 6×0.4×0.08 | 7×0.4×0.08 | 6×0.25（长×宽） | 3×0.6（N）3×0.3（P） | 19×0.5×0.02 |
| 电阻值（Ω） | 1000±5% | 350±5% | 120±5% | 350 | 120 | 350 |
| 灵敏系数 | 140±5% | 150±5% | 120±5% | —110 | 210 | 127 |
| 基底材料 | 酚醛树脂 | 酚醛树脂 | 酚醛树脂 | 酚醛树脂 | 酚醛树脂 | 环氧树脂 |
| 基底尺寸（mm） | 10×7 | 10×7 | 10×7 | 10×4.5 | 10×4 | 25.4×12.7 |
| 电阻温度系数（1/℃） | <0.4% | <0.3% | <0.16% | — | — | — |
| 灵敏度温度系数（1/℃） | <0.3% | <0.28% | <0.17% | — | — | — |
| 极限工作温度（℃） | 100 | 100 | 100 | — | — | — |
| 允许电流（mA） | 15 | 15 | 25 | — | — | — |
| 生产国别 | 中 | 中 | 中 | 日 | 日 | 美 |
| 备注 | — | — | — | 温度自补偿型，适用于铝合金 | 两元件温度补偿型，适用于普通钢试件 | 硅片薄、挠性好，可贴在直径为 25mm 的圆柱面上 |

## 2.1.2 应变片式力传感器及测量电路

### 1. 力传感器

力传感器是测量拉力或压力的传感器。常用测力传感器的测力范围为 $(10^{-2}\sim10^6)$ N，精度较高。

如图 2-3 所示是力传感器简图，用等截面轴、悬臂梁、扭转轴和平膜片作为弹性敏感元件，将被测力 $F$ 转换成应变，用应变片感受应变并转换成 $\frac{\Delta R}{R}$。图 2-4 即为常用的 BLR-1 型拉力传感器结构原理图。

传感器弹性元件是圆管形的，在上面沿纵向和横向各粘贴四片应变片。每两片同方向的应变片串联组成一个桥臂，八片应变片组成全桥。这种传感器有着十六种额定载荷的分型号，最大为 $10^6$N（100t），最小为 $10^3$N（0.1t），随着载荷量的增加，传感器尺寸增大。

技术数据如下：

（1）非线性、滞后、重复性误差均小于额定载荷的 0.5%；

（2）输入电压最高为 6 V；

（3）$10^4$N 以上分型号的输出灵敏度为 1.5mV/V；$10^4$N 以下分型号的输出灵敏度为 1mV/V；

（4）工作温度范围为（−10～+50）℃；

（5）温度零漂值为 0.04%/℃。

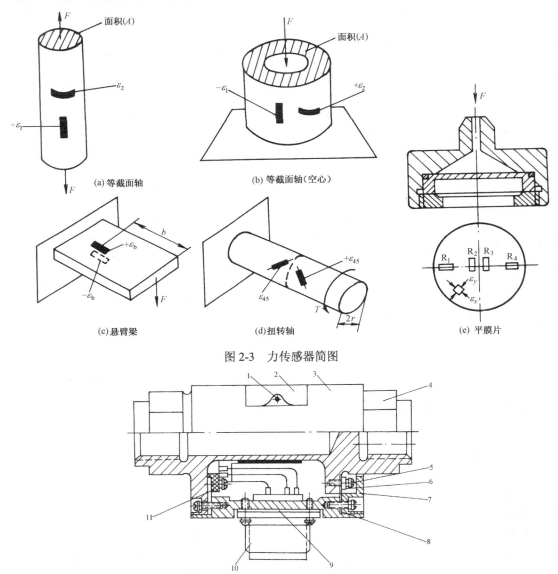

图 2-3　力传感器简图

图 2-4　BLR-1 型拉力传感器结构原理图

1—螺钉；2—铭牌；3—壳体；4—应变筒；5—球面；6—内压环；7—盖；8—膜片；9—密封垫圈；10—插头；11—接线环

## 2. 测量电路

电阻应变式传感器测量电路要实现的是将应变片的$\Delta R/R$转换成输出电压$U_o$。在应变片式传感器中最常用的是电桥，下面就以直流电桥为例，分析$U_o$与$\Delta R/R$的关系。图2-5为一直流电桥，设电桥各臂的电阻分别为$R_1$，$R_2$，$R_3$，$R_4$，它们可以全部或部分为应变片，$R_L$为电桥的负载，$U_i$为电桥电源电压。

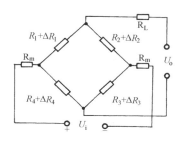

图2-5 直流电桥

利用基尔霍夫定律，可以求得流过负载$R_L$的电流为

$$I_o = \frac{U_i(R_1R_4 - R_2R_3)}{R_L(R_1 + R_2)(R_3+R_4) + R_1R_2(R_3 + R_4) + R_3R_4(R_1 + R_2)}$$

式中，若$R_1R_4 - R_2R_3 = 0$，则$I_o=0$，此时电桥处于平衡状态，电桥无输出。

一般电桥的输出电压为

$$U_o = I_oR_L = \frac{U_i(R_1R_4 - R_2R_3)}{(R_1 + R_2)(R_3+R_4) + \frac{1}{R_L}\left[R_1R_2(R_3 + R_4) + R_3R_4(R_1 + R_2)\right]}$$

若电桥的负载电阻为无限大，则上式可简化为

$$U_o = U_i\frac{R_1R_4 - R_2R_3}{(R_1 + R_2)(R_3 + R_4)}$$

当电桥各臂均有相应的电阻增量$\Delta R_1$，$\Delta R_2$，$\Delta R_3$，$\Delta R_4$，由上式可以得到

$$U_o = U_i\frac{(R_1 + \Delta R_1)(R_4 + \Delta R_4) - (R_2 + \Delta R_2)(R_3 + \Delta R_3)}{(R_1 + \Delta R_1 + R_2 + \Delta R_2)(R_3 + \Delta R_3 + R_4 + \Delta R_4)}$$

在实际情况下，往往使用等臂电桥，即$R_1=R_2=R_3=R_4=R$，且当$R \gg \Delta R_i$（$i$=1,2,3,4）则上式可以写为

$$U_o = \frac{U_i}{4}\left(\frac{\Delta R_1}{R} - \frac{\Delta R_2}{R} + \frac{\Delta R_3}{R} - \frac{\Delta R_4}{R}\right)$$

若$\varepsilon_i = \frac{\Delta R_i}{R}$（$i$=1,2,3,4），则有

$$U_o = \frac{U_i}{4}\left(\varepsilon_1 - \varepsilon_2 + \varepsilon_3 - \varepsilon_4\right)。$$

由上式表明：当$R \gg \Delta R_i$时，电桥的输出电压与应变成线性关系。

实际应用中，电桥的四个桥臂不一定都贴上应变片，可以根据需要而定。常用的电桥有单臂电桥、双臂电桥和四臂电桥。

## 3. 温度补偿

用应变片进行测量时，希望它的电阻值只随被测量对象的变化而变化，不受其他因素的影响。但是在实际测量中，环境温度的变化会引起电阻的相对变化，这样，就会造成温度误差。为此，需要进行温度补偿。温度补偿可用下述两种方法进行。

（1）热敏电阻补偿法：此种方法在热敏电阻的应用中讲到，此处不再叙述。

（2）电桥补偿法：图 2-6 是利用半桥和全桥进行应变片温度补偿示意图。图 2-6（a）是半桥补偿示意图，其中 1 是试件，2 是补偿块，$R_1$ 与 $R_2$ 是两片型号完全相同的应变片，$R_1$ 贴在被测试件上，$R_2$ 贴在补偿块上。当有力 $F$ 作用于试件（悬臂梁）上时，$R_1$ 的阻值变化可能由两部分组成：一部分是应变片引起的；一部分是温度引起的。$R_2$ 因为不承受应变，所以只可能由温度变化引起阻值变化，且 $R_1$ 与 $R_2$ 由温度引起的阻值变化相等。利用半桥，便得输出电压

$$U_o = \frac{U_i}{4}\left(\frac{\Delta R_{1\varepsilon} + \Delta R_{1t}}{R_1} - \frac{\Delta R_{2t}}{R_2}\right) = \frac{U_i}{4}\left(\frac{\Delta R_{1\varepsilon}}{R_1}\right)$$

由式中可以看出，输出电压 $U_o$ 不受温度的影响，只与应变片感受的应变导致的阻值变化有关。

图 2-6（b）是利用全桥的温度补偿示意图，读者可自行证明，它不仅只与作用力 $F$ 有关，能实现温度补偿，还能提高灵敏度。

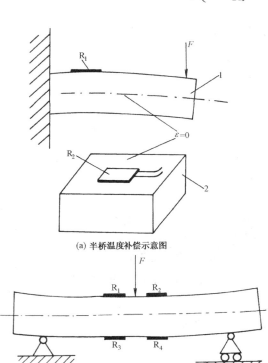

(a) 半桥温度补偿示意图

(b) 全桥温度补偿示意图

图 2-6　应变片温度补偿示意图

【例 2】　在用图 2-3（a）的等截面轴做成的拉力传感器上，对称地贴上 $R_1$~$R_4$ 四个标称阻值为 $120\Omega$ 的应变片，$R_1$，$R_3$ 沿轴向粘贴（如图中的 $\varepsilon_1$），$R_2$，$R_4$ 沿径向粘贴（如图中的 $\varepsilon_2$）。轴的弹性模量 $E=2.0\times10^{11}\mathrm{N/m^2}$，泊松比 $\mu=0.3$，轴的截面积 $A=0.00196\mathrm{m^2}$，应变片应变灵敏系数 $K=2$。用全桥测量，电桥的 $U_i=6\mathrm{V}$，测得 $U_o=7.8\mathrm{mV}$。计算 $F=?$

解：根据分析，应变片 $R_1$，$R_3$ 的阻值变化是由轴的轴向应变引起的，$R_2$，$R_4$ 的阻值变化是由轴的横向应变引起的，因此轴的轴向应变和横向应变分别为

$$\varepsilon_x = \frac{F}{AE}$$

$$\varepsilon_y = -\mu\frac{F}{AE}$$

所以

$$\frac{\Delta R_1}{R_1} = K\varepsilon_x = K\frac{F}{AE} = \frac{\Delta R_3}{R_3}$$

$$\frac{\Delta R_2}{R_2} = -\mu K\frac{F}{AE} = \frac{\Delta R_4}{R_4}$$

利用全桥测量

$$U_o = \frac{U_i}{4}\left(\frac{\Delta R_1}{R_1} - \frac{\Delta R_2}{R_2} + \frac{\Delta R_3}{R_3} - \frac{\Delta R_4}{R_4}\right)$$

将 $\dfrac{\Delta R_1}{R_1} \sim \dfrac{\Delta R_4}{R_4}$ 代入，整理得

$$U_\text{o} = \frac{U_\text{i}}{2} K (1 + \mu) \frac{F}{AE}$$

将已知条件代入上式，得

$$F = 3.92 \times 10^5 \text{N}$$

### 2.1.3 称重传感器

图 2-7 为双孔平行梁式称重传感器。这种类型的传感器精度高，易加工，结构简单紧凑，抗偏载能力强，固有频率高。

在应变式称重传感器中，4 个应变片分别贴在弹性梁的 4 个敏感部位，传感器受力作用后的变形情况如图 2-8 所示。

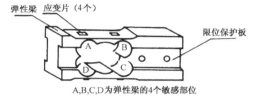

图 2-7 双孔平行梁式称重传感器

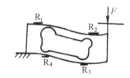

图 2-8 传感器受力作用后的变形图

在力（重物）的作用下，$R_1$，$R_3$ 被拉伸，阻值增大，$\Delta R_1$，$\Delta R_3$ 为正值；$R_2$，$R_4$ 被压缩，阻值减小，$\Delta R_2$，$\Delta R_4$ 为负值；再加之应变片阻值变化的绝对值相同；即

$$\Delta R_1 = \Delta R_3 = +\Delta R$$

或

$$\varepsilon_1 = \varepsilon_3 = +\varepsilon$$
$$\Delta R_2 = \Delta R_4 = -\Delta R$$

或

$$\varepsilon_2 = \varepsilon_4 = -\varepsilon$$

因此

$$U_\text{o} = \frac{\varepsilon K}{4} \times 4 U_\text{i} = U_\text{i} K \varepsilon$$

目前常用称重传感器有三种规格：5kg，8kg，20kg。

主要技术指标：

- 灵敏度：1.8±0.09mV/V；
- 电源电压：15V；
- 安全载荷：130%。

图 2-9 是称重传感器电路原理框图。传感器输出的电压很微弱，经前置放大电路，在开关的作用下与参考电压在不同时刻进入积分器，经比较器输出高低电平信号。这一信号控制分频器的开启，并与采样信号一起控制模拟开关的通断。

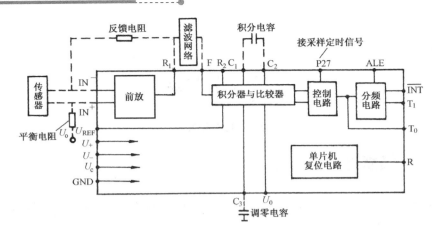

图 2-9　称重传感器电路原理框图

### 2.1.4 数字血压计

目前，国内医疗部门中大都使用汞柱式血压计，它的测量误差大，反应速度慢。而本节所介绍的数字血压计，所用元件少，体积小，使用方便，测量速度快，精度高，分辨率为 0.1kPa，正逐步得到推广。

这种传感器采用半导体应变片作为敏感元件，当它受到压力后阻值发生变化。图 2-10 所示是数字血压计电路框图。

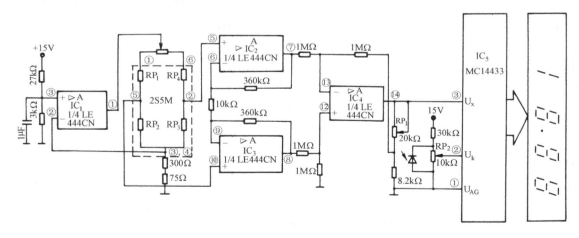

图 2-10　数字血压计电路框图

图 2-10 中，2S5M 是压力传感器，它有六个管脚，其中③,④管脚接恒流源 $IC_1$ 提供的电源电压。运放的 $U_-=U_+=1.5V$，运放 $IC_1$ 输出端的输出电流就是传感器的输入电流。

$$I_{IN}=1.5V/（300\Omega+75\Omega）=4mA$$

传感器的电桥电阻 $0.89k\Omega$，2S5M 上的压降为 3.6V，再加上 300Ω 和 75Ω 电阻上的压降为

$$3.6V+4mA×0.375k\Omega=5.1V$$

当压力传感器接收输入量，电桥失去平衡，输出端⑤,②脚有电压产生。$IC_2$ 与 $IC_3$ 组成差动放大电路，将这个电压进行放大，再经 A/D 转换器 MC14433 做动态扫描显示。$U_x$ 是输入端，$U_{AG}$ 是模拟地，经发光二极管的数码显示，用交直流电源均可供电，在室内使用显示很清晰。这里 2S5M 存在 10mV 的初始偏压，一般用 50 Ω 的电位器接在 2S5M 的①,⑥两端可以进行零点调试。

## 2.2　电位器传感器

### 2.2.1　电位器的原理

电位器是一种常用的电子元件，原理图如图 2-11 所示。它把机械位移量转换为与之成一定函数关系的电阻输出。通常电位器由电阻元件及电刷等组成。电刷相对于电阻元件的运动可以是直线运动，也可以是转动，因而可以用于直线位移或角位移的测量。此外，还可以测量压力、速度等物理量。电位器式传感器结构简单，价格低，性能稳定，对环境条件要求不高，输出信号大，但它的精度不高，由于摩擦和阻值的跳变，分辨率有限，动态响应较差。

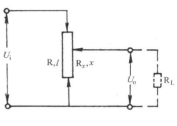

图 2-11　电位器原理图

当电位器的滑臂在某个被测参数转换成的位移 $x$ 的作用下发生移动，则 $R_x$ 产生变化，电位器的输出端接有负载后，相当于 $R_L$ 与 $R_x$ 并联。此时输出电压为

$$U_o = U_i \frac{x}{1 + \dfrac{R}{R_L} x(1-x)}$$

### 2.2.2　电位器角度与角位移传感器

#### 1. 原理与结构

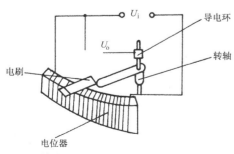

图 2-12　绕线电位器式角位移传感器结构原理图

图 2-12 为绕线电位器式角位移传感器的结构原理图。图中，$U_i$ 为电位器上的总电压，$U_o$ 为被测角位移作用在传感器上，使电刷移动到某一位置时的输出电压。

图 2-13 是角位移传感器结构图。传感器的转轴与被测量的转轴相连，当被测物转过一个角度时，滑臂在电位器上转过一个相应的角位移，于是在输出端有一个跟转轴成比例的输出电压 $U_o$。

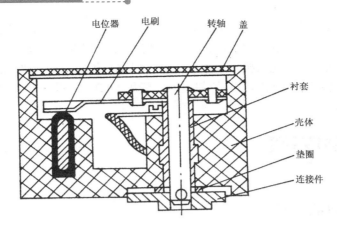

图 2-13　角位移传感器结构图

### 2．性能指标

绕线电位器式角位移传感器的一般性能如下：

- 动态范围：+10°～+165°；
- 线性度：±0.5%～±3%；
- 电位器全电阻：102W～103W；
- 工作温度：−50℃～150℃；
- 工作寿命：104 次。

绕线电位器式角位移传感器的结构简单，体积小，动态范围宽，并且其输出信号大，抗干扰性强，精度较高，现已广泛应用于检测各种回转体的回转角度和角位移。但在使用中应尽量减小曲率误差，防止在转速较高时，转轴与衬套之间的摩擦导致卡死现象。

除此之外，电位器式电阻传感器还可用来测量压力、位移、加速度、液位等物理量参数。

## 2.3 热电阻传感器

利用导体或半导体材料的电阻随温度变化的特性制成的传感器称为热电阻传感器。它主要用于对温度以及能转换成温度变化的有关物理量的测量。热电阻有金属热电阻和半导体热电阻两大类，前者称为热电阻，后者称为热敏电阻。

### 2.3.1 热电阻工作原理

#### 1．热电阻

热电阻是由电阻体、绝缘套管和接线盒等主要部件组成的。热电阻传感器的主要优点是测量精度高，测量范围大，常用于（−200～500）℃的温度测量。随着科学技术的发展，测温范围也在不断扩展，低温方面已成功地应用于（1～3）K 的温度测量，高温方面也实现了（1000～1300）℃的温度测量。此外，它的温度特性稳定，复现性好，也不像热电偶那样有冷端的参比温度。WZB 型铂电阻结构如图 2-14 所示。

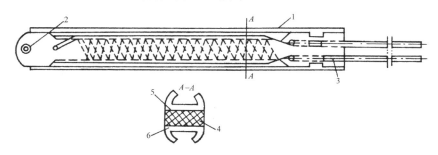

图 2-14　WZB 型铂电阻结构图

1—铂丝；2—铆钉；3—银导线；4—绝缘片；5—夹持件；6—骨架

电阻体是由金属材料绞扭而成的。当温度升高时，金属材料电阻体内部自由电子热运动加剧，使无规则运动的自由电子形成定向移动的阻力增大，从而使电阻值增加。热电阻阻值与温度之间的关系可用下式表示

$$R_t = R_0\left(1 + At + Bt^2 + Ct^3 + t^4\right)$$

式中，$R_t$，$R_0$ 为温度 $t$℃和 0℃时的电阻值；$A$，$B$，$C$ 为不同材料电阻的不同取值。

实验证明：大多数电阻在温度升高 1℃时，阻值将增加 0.4%～0.6% 左右。

常见的热电阻及其特性如下：

（1）铂电阻。铂是一种贵重金属，铂电阻的精度高，稳定性好，性能可靠。它易于提纯，可以制成极细（直径 0.02mm）的微型铂电阻，它的体积小，热惯性好，气密性好。测温范围常在（-200～650）℃。

（2）铜电阻。在一些测量精度要求不高且温度不高的场合中，可以使用铜电阻。它的测温范围为（-50～150）℃，铜电阻在这个温度范围内，不会出现非线性，且灵敏度高，价格便宜。但铜电阻易于氧化，体积较大。

（3）铟电阻。铟电阻是新兴的一种高精度低温热电阻，它在（4～15）K（-269℃～-258℃）温域内灵敏度比铂高 10 倍，但是这种材料比较软，复制性较差。

（4）锰电阻。锰电阻也是一种低温测量常用的材料，测温范围为（2～63）K（-271℃～-210℃），灵敏度较高，但它的脆性较大，难以拉制成丝。

（5）碳电阻。碳电阻适于用做液氦温域的温度计，它在低温下灵敏度高，但稳定性较差。

热电阻经常使用电桥作为传感器的测量电路。热电阻的测量转换电路如图 2-15 所示。其中，①是连接导线；②是连接屏蔽层；③是连接恒流源；$RP_1$ 是调零点电位器；$RP_2$ 是调满度电位器。在图 2-15（a）中，$R_t$ 可以感受温度的变化而产生阻值的改变，$R_2$，$R_3$，$R_4$ 的温度系数小，可以认为是固定电阻。当电桥加上电源电压 $U_i$，电桥的输出电压就反映了温度的变化。然而，由于热电阻自身阻值较小，引线电阻 $r_{1a}$，$r_{1b}$ 就不能忽略，因此，可以采用图 2-15（b）的电路。热电阻 $R_t$ 用三根引线接至电桥，其中 $r_1$，$r_4$ 分别接入测量电桥的相邻两个桥臂 $R_1$，$R_4$ 上，不会破坏电桥的平衡，$r_i$ 与电压源 $U_i$ 串联，也不影响电桥的输出。图 2-15（c）是采用恒流源供电的四线制测量电路，它可以无需考虑热敏电阻的非线性造成的测量误差，并且利用恒流源在 $R_t$ 上产生的压降引入 A/D 转换器，由计算机直接显示被测温度值。

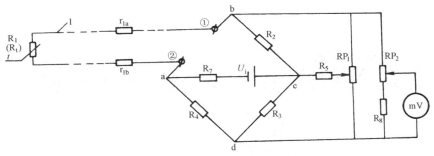

(a)二线制单臂电桥测量电路

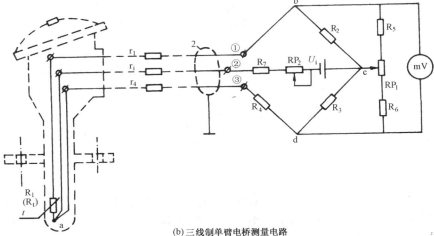

(b)三线制单臂电桥测量电路

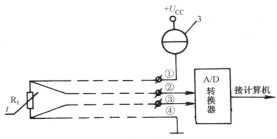

(c)四线制单臂电桥测量电路

图2-15  热电阻的测量转换电路

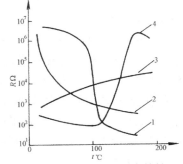

图2-16  热敏电阻温度特性
1,4—CTR特性；2—NTC特性；3—PTC特性

## 2. 热敏电阻

热敏电阻是一种新型的半导体测温元件。它与热电阻相比，由于电阻温度系数大，灵敏度提高（10～100）倍，其结构简单，体积小，常用于动态测量，但它的阻值与温度并非线性关系，图2-16为热敏电阻温度特性。按温度系数特性可以分为正温度系数特性（PTC）、负温度系数特性（NTC）和临界温度系数特性（CTR），是非线性电阻。根据这三种温度系数特性，常将热敏电阻用

于温度测量、温度补偿和温度控制。表 2-3 即为几种常用的热敏电阻材料及其应用。

表 2-3　常用热敏电阻及特性

| 型　号 | 主要用途 | 主要电参数 | | | 电阻体形状及形式 |
|---|---|---|---|---|---|
| | | 25℃标称阻值（kΩ） | 额定功率（W） | 时间常数（s） | |
| MF-11 | 温度补偿 | 0.01～15 | 0.5 | ≤60 | 片状、直热 |
| MF-13 | 测温、控温 | 0.82～300 | 0.25 | ≤85 | 杆状、直热 |
| MF-16 | 温度补偿 | 10～1000 | 0.5 | ≤115 | 杆状、直热 |
| RRC2 | 测温、控温 | 6.8～1000 | 0.4 | ≤20 | 杆状、直热 |
| RRC7B | 测温、控温 | 3～100 | 0.03 | ≤0.5 | 珠状、直热 |
| RRW2 | 稳定振幅 | 6.8～500 | 0.03 | ≤0.5 | 珠状、直热 |

（1）温度测量。热敏电阻的测温范围极广，它广泛用于固体、液体、气体、海洋、深井、高空气象、冰川等高、低温域的温度测量。热敏电阻的阻值较大，故其连接导线的电阻可忽略不计，因此可进行远距离测温使用。热敏电阻测温电路如图 2-17 所示。图中，$R_t$ 是热敏电阻，它与 $R_1,R_2,R_3$ 平衡电阻组成电桥；$R_4$ 为满刻度电阻；$R_5,R_6$ 为表调整的保护电阻；$R_7,R_8,R_9$ 为分压电阻。这种测量电路测量精度可达 0.1℃，感温时间在 10 s 以下。

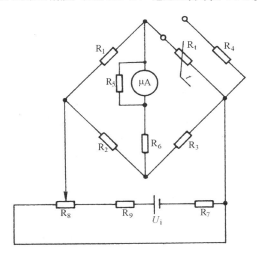

图 2-17　热敏电阻测温电路

热敏电阻的实用测量电路可以采用图 2-18 所示的温度—电压变换电路。图 2-18（a）用了一个运算放大器，热敏电阻的电压输出为 $U_x$，经运放产生 $U_o$ 输出。图 2-18（b）是考虑信号源内阻的差动放大电路，其中输出电压为

$$U_o = \frac{R_f}{R_s + R_{G1}}\left(\frac{R_s + R_f + R_{G1}}{R_s + R_f + R_{G2}} \cdot U_{s2} - U_{s1}\right)$$

$R_s,R_G$ 分别为信号源内阻和引线电阻。图 2-18（c）的输出特性线性度较好，是常用的（0～50）℃的测量电路。其中 $RP_1$，$RP_2$ 是调整零点和量程的电阻，通常输出电压在（0～1）V 之间。

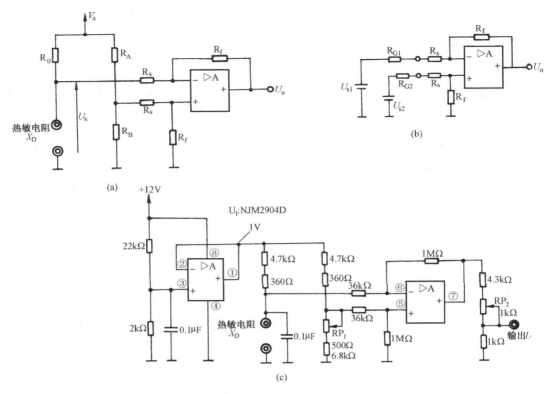

图 2-18　温度—电压变换电路

（2）温度补偿。通常使用的仪表部件是由金属丝制成的，如动圈仪表的表头。仪表部件一般具有正的温度系数，它们在周围温度变化的时候，通常会引起测量误差，故可以用具有负温度系数的热敏电阻来做温度补偿。仪表温度补偿电路如图 2-19 所示。图中，若环境温度升高，被补偿元件电阻值升高，而热敏电阻阻值降低。如果补偿元件选择较好，使得热敏电阻减小的电阻与被补偿元件升高的阻值相等，由于两元件串联，使得电路的总电阻值趋于不变。

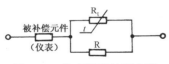

图 2-19　仪表温度补偿电路

（3）温度控制。将临界温度系数特性的热敏电阻设在被测环境中，当温度变化时（达到某一值），热敏电阻的阻值会发生突变，这样会使与之串联的继电器或其他执行元件流过大电流，从而使继电器动作，实现温度控制。例如，电动机的过热保护等。

### 2.3.2　温度测量控制仪

温度测量控制仪的测温范围为（-50～200）℃，能够对温度值进行数字显示，其误差不超过 1℃。它采用铂热电阻作为测量元件，可用于制冷设备、冷库及其他低温域的温度测量与控制。由于在测量范围内存在着非线性，故需在电路中加以非线性补偿。图 2-20 是温度测量控制仪的电路图。它通过变压器将 220V 交流电压经过整流、滤波、稳压，得到 ±5V 的直流电压，以供给电路使用。图中 $R_t$ 为测温的铂电阻，当温度变化时，阻值发生变化；同时还作为反馈电阻接入由运放 $IC_{2A}$ 组成的电阻／电压转换电路。例如，$-50℃$时，$R_t=80.31\Omega$，则运放输出电压

$$U_o=（1+80.31/33）\times 0.3=1.03V$$

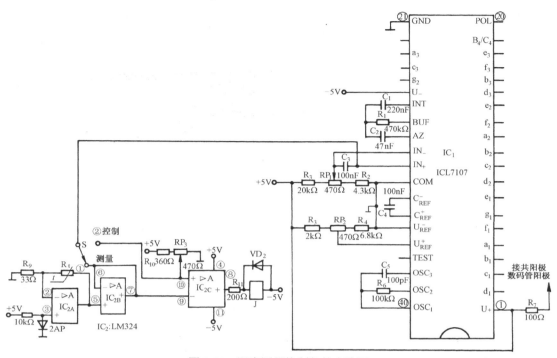

图 2-20　温度测量控制仪的电路图

其中，0.3V 的同相端电压是由锗二极管的正向压降决定的。$IC_{2B}$ 是一个电压跟随器，其作用是提高电路的带负载能力，转换后的电压送入 A/D 转换器 ICL7107。它是一个双电源（±5V）的集成电路芯片，适于驱动发光二极管显示器。A/D 转换器电路中，$C_1$ 为外接积分电容，$R_1$ 为外接积分电阻，$C_2$ 为自动调零电容，$C_4$ 为基准电容，$C_5$，$R_6$ 为内部时钟振荡器的外接电容电阻。其振荡频率为

$$f=\frac{0.45}{R_6C_5}$$

电路中 $f=45kHz$。$IC_{2C}$ 是电压比较器，它用于控制加热或制冷设备的通、断。当测量值低于设定值，比较器正饱和，输出约 4V 左右的高电平，通过 $R_{11}$ 使继电器 J 吸合，反之，释放。$VD_2$ 用于保护运放，消除线圈断电时产生的反电动势。图 2-20 中，由转换开关 S 实现温度测量和温度控制的功能。

## 2.4　气敏电阻传感器

气敏电阻传感器是一种将检测到的气体（特别是可燃气体）的成分、浓度等变化转换成电阻值的变化，最终以电压输出的传感器。

### 2.4.1 气敏电阻的工作原理

气敏电阻是由金属氧化物添加催化剂按一定比例烧结而成的半导体材料，有 N 型和 P 型之分。N 型气敏电阻的型号有 $SnO_2$,$ZnO$,$TiO_2$ 等；P 型气敏电阻的型号有 $NiO$,$Cu_2O$,$CrO_3$ 等。气敏电阻最主要的特点是对可燃性气体（如 $CO$,$H_2$,$SO_2$,$H_2S$）非常敏感。当气敏电阻遇到此类可燃性气体时，由于可燃性气体易失去电子，这些电子向半导体元件的气敏电阻移动，半导体中载流子

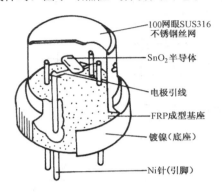

图 2-21　TGS109 传感器结构图

浓度变化（N 型增加，P 型减小），从而使气敏电阻阻值变化（N 型阻值减小，P 型阻值增加）。为了增加气敏电阻对气体的吸附作用，常在气敏电阻工作时，加热到（200～300）℃。

### 2.4.2 自动通风扇

采用 $SnO_2$ 半导体气敏电阻的 TGS109 型传感器，可以用于各种可燃性气体、有毒性气体的预警。图 2-21 是 TGS109 传感器的结构图，图中兼作电极的加热器直接埋入块状 $SnO_2$ 半导体内。图 2-22 是这种传感器用于自动通风扇的原理框图。如果气敏电阻感受气体污染，浓度达一定值，它的阻值发生变化，经过放大电路转换成电压送入比较器，与比较电压不相等，产生触发脉冲，使晶闸管电路导通产生直流电压，给排风扇提供电源，自动通风，还可以产生报警信号。

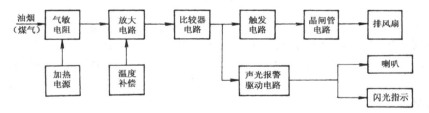

图 2-22　自动通风扇原理框图

图 2-23 是自动通风扇电路图。气敏电阻串联一个 $4k\Omega$ 的负载电阻，外加 100V 的电路电压。当空气污染达一定程度，气敏电阻的阻值变化达一定值，超过 $RP_2$ 的给定值，$VT_r$ 导通，继电器工作，启动通风扇。当污染低于某一点，$VT_r$ 截止，通风扇停止工作。图中 $R_1$，$RP_1$ 用于补偿元件固有电阻和灵敏度偏差。图中风扇的开启方式可以有自动和手动切换两种方式。

### 2.4.3 汽车停车场排气装置

随着汽车迅速增加，室内大型停车场日益增多，汽车场排气污染已成较大公害，需集中监视停车场排气气体的浓度。当浓度超过某一限量时，应启动相应的通风设施。

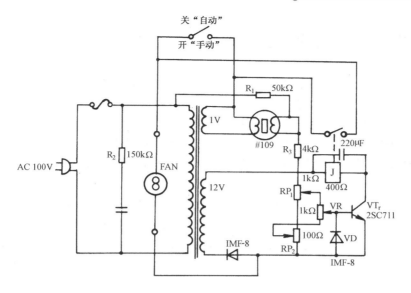

图 2-23　自动通风扇电路图

停车场必须检测平均排气气体浓度。故在停车场内设置多个检测点，根据平均值控制停车场通风。图 2-24 为 TGS812 型传感器用于汽车停车场排气装置的电路图。

图 2-24 传感器中，若在 a,b 间加 5V 电压，则在 c,d 间可得到 0.65V 的电压。c 连接运算放大器 $I_1$,$I_2$ 的反向输入端，输出端电压与传感器的电导成比例。该电压输入到 AD532JH 电子倍增器的第①,⑥端，其输出电压与输入电压成平方关系。运放 $I_5$ 将获得各个电子倍增器的平均值，用它可控制通风。

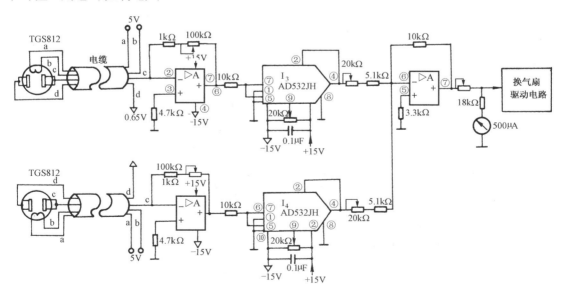

图 2-24　TGS812 型传感器用于汽车停车场排气装置电路图

### 2.4.4　家用有毒气体报警器

一氧化碳、液化气、甲烷、丙烷等都是有毒可燃性气体。在家庭中，若有毒可燃性气体浓度超过一定值，将危及人身安全。这里介绍的报警器有很高的灵敏度。

图2-25是家用有毒气体报警器的电路图，其中QM-N10是气敏电阻传感器，它是N型半导体元件，用做探测头。它还是一种新型的低功耗、高灵敏度的气敏元件，其内部有一个加热丝和一对探测电极。当空气中不含有毒气体或浓度很低时，A,K两点间电阻值很大，流过RP的电流很小，K点为低电平，达林顿管U850不导通；若含有毒气体或浓度达一定值，A,K两点间电阻值迅速下降，RP上流过的电流突然增加很多，K点电位升高，向$C_2$充电，直到达到U850导通的电位（约1.4V）时，U850导通，驱动集成芯片KD9561发声报警。当有毒气体浓度下降到使A,K两点间恢复到高电阻时，K点电位低于1.4V，U850截止，报警消除。

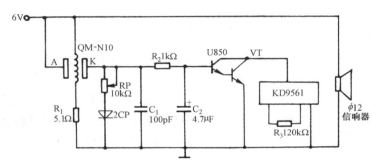

图2-25　家用有毒气体报警器电路图

## 思考题

2.1　电阻应变式传感器的电阻丝在结构上有什么要求？为什么？

2.2　半导体应变片比电阻丝应变片有什么优点？

2.3　有一额定荷重为2000N的等截面轴式称重传感器，电桥灵敏度为2mV/V，桥路电压为12V，若载荷为500N，要得到10V电压，放大器的放大倍数应为多少？

2.4　分析全桥温度补偿的原理，并分析它与半桥温度补偿灵敏度的区别。

2.5　分析三线制和四线制热电阻测量电路的原理。

2.6　气敏电阻的工作原理是什么？在测量时，为什么要预热？

2.7　分析图2-25的工作原理，说明RP的作用。

2.8　在等截面轴上沿轴向粘贴应变片，用于称重传感器中，轴的直径5cm，弹性模量$E=2.0\times10^{11}N/m^2$，$\mu=0.3$。应变片标称阻值120Ω，$K=2$。若物重为4t，求应变片阻值的变量是多少？若应变片沿径向粘贴，其应变片阻值的变量又是多少？

# 第 3 章

# 压电式传感器

压电式传感器是将压电元件承受的作用力转换成压电元件表面所带的电荷，这种特性称为压电元件的压电效应。具有压电效应的压电元件多是电介质。压电效应是可逆的，当沿着一定的方向对某些电介质施加作用力，使其产生变形时，则在固定的表面上产生电荷。当外力去掉后，元件又恢复不带电状态，此为正向压电效应。在电介质极化方向施加电场，这些电介质就在一定的方向上产生机械变形，当外加电场撤去时，变形又随之消失，此为逆压电效应。可见，压电元件的压电效应具有方向性和还原性。

压电传感器是典型的自发电式传感器，它还具有一定的可逆性，由于其体积小，重量轻，结构简单，灵敏度高，固有频率高，因而得到了广泛的应用。如压电电源、煤气灶的点火装置、超声波探头，还有治疗骨折的生物压电传感器等。压电元件是一种典型的力敏元件，可以测量最终能变换成力的物理量，如加速度、机械冲击、振动等。压电传感器无静态输出，只具有动态测量的特点，是一种广泛应用的传感器。

## 3.1 压电元件与压电效应

### 3.1.1 压电元件

具有压电效应的压电元件，它们的分子空间结构排列相当规则，这类材料是晶体，有单晶体与多晶体之分。

#### 1. 单晶体

常用的单晶体压电材料是石英（$SiO_2$），其突出的优点是性能稳定，此外还具有动态响应好，机械强度高（可以测量高达 $10^8 Pa$ 的压力），线性范围宽等优点。但它的压电常数小，灵敏度低，适于测量较大的作用力。除石英材料外，在自然界中还发现了 20 多种单晶体材料都具有压电效应。

#### 2. 多晶体

压电陶瓷是常用的多晶体压电材料，其中有钛酸钡（$BaTiO_3$）、锆钛酸铅（PZT）和铌镁酸铅（PMN）。PZT 是工业中应用较多的压电材料，有较高的压电常数，故灵敏度高。

### 3.1.2 压电效应

下面以单晶 $SiO_2$（石英晶体）为例，介绍压电效应及产生原因。

图 3-1 是一个天然结构的石英晶体示意图。它是一个正六面体，在晶体学中可以把它用三根相互垂直的轴来表示，其中纵向轴 $Z$-$Z$ 轴称为光轴，经过六面体棱线并垂直于光轴的 $X$-$X$ 轴称为电轴，与电轴和光轴垂直的 $Y$-$Y$ 轴称为机械轴。通常把沿 $X$-$X$ 轴施加作用力产生电荷的压电效应称为"纵向压电效应"，而把沿 $Y$-$Y$ 轴施加作用力产生电荷的压电效应称为"横向压电效应"，沿 $Z$-$Z$ 轴施加作用力，在压电元件的任何表面均无电荷产生。

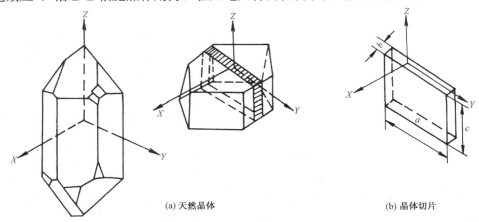

(a) 天然晶体　　　　　　　　　　(b) 晶体切片

图 3-1　天然结构的石英晶体示意图

从晶体上沿着轴线切下的一片压电元件称为压电晶片，当晶片在沿 $X$ 轴方向有作用力 $F_x$ 作用时，会在与 $X$ 轴方向垂直的表面产生电荷，其大小为

$$q_x = d_{11}F_x \quad （电荷极性由力的方向决定）$$

当晶片在沿 $Y$ 轴方向有作用力 $F_y$ 作用时，会在与 $Y$ 轴方向垂直的表面产生电荷，其大小为

$$q_y = -d_{11}\frac{a}{b}F_y \quad （电荷极性由力的方向决定）$$

从以上两式可以看出，纵向压电效应与元件尺寸无关，而横向压电效应与元件尺寸有关；且从式中的负号可以看出，两者产生电荷的极性相反。综上所述，晶体切片上电荷的符号与受力方向的关系可用图 3-2 表示。

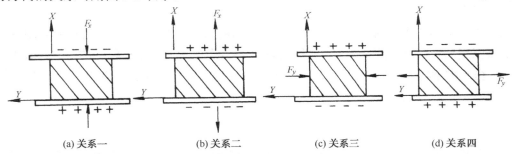

(a) 关系一　　　　(b) 关系二　　　　(c) 关系三　　　　(d) 关系四

图 3-2　晶体切片上电荷符号与受力方向的关系

当压电元件上作用力消失时，电荷亦随之消失。在压电材料的两种电荷产生的极面上，如果加以交流电压，那么压电元件将会产生机械振动，即压电片在电极方向上具有伸缩现象，称为"电致伸缩现象"。这种现象与压电效应是相反的，故又称"逆压电效应"。

## 3.2 压电传感器的结构

压电传感器的被测量通常是作用力或能以某种途径将被测量转换成力的物理量。由于力的作用而在压电材料上产生的电荷，只有在无泄漏的情况下才能保存，即需要测量回路具有无限大的输入阻抗。这实际上是不可能的，因此压电传感器不能用于静态测量。压电材料在交变力的作用下，电荷可以不断补充，可以供给测量回路一定的电流，故适于动态测量。

在压电传感器中，压电材料通常采用两片或两片以上黏合在一起。因为电荷的极性关系，压电元件有串联和并联两种接法，如图3-3所示。图（a）为并联，适用于测量缓慢变化的信号，并以电荷为输出量；图（b）为串联，适用于测量电路有高输入阻抗，并以电压为输出量。

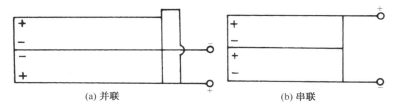

(a) 并联        (b) 串联

图 3-3 两压电片的连接方法

压电元件在传感器中，必须有一定的预紧力，以保证两片压电元件始终受到压力且感受到的作用力相同，保证输出电压（或电荷）与作用力成线性关系。同时，预紧力又不能太大，否则，会影响灵敏度。

## 3.3 压电传感器测量电路

### 3.3.1 压电传感器的等效电路

压电片在受力时，会在电极表面出现电荷，其中一个极板呈现正电荷；另一个极板呈现负电荷，两者电荷量相等，极性相反。

当两极板上聚集电荷，极板中间为绝缘体时，可将其视为一个电容器，其电容量为

$$C = \frac{\varepsilon S}{h} (\text{F})$$

式中，$S$ 为极板面积；$h$ 为压电片厚度；$\varepsilon$ 为压电材料的介电常数，随材料的不同而不同。

由于两极板极性各异，在两极板之间呈现电压，其值为

$$U = \frac{q}{C}$$

因此常常把压电传感器等效为一个电源（$U = \dfrac{q}{C}$）和一个电容器 $C$ 组成的串联电路。压电元件等效电路如图 3-4 所示。从图中可以看出，只有当外电路（负载）无穷大，且内部也无漏电时，外力所产生的电荷才能够长期保存。当外电路负载不是无穷大，电路会以时间常数 $R_{fz}C$ 按指数规律放电。

如果把压电传感器与测量仪表连在一起时，应考虑连接电缆的等效电容。压电传感器完整的等效电路如图 3-5 所示。其中，$C_a$ 是传感器电容，$R_a$ 是传感器漏电阻，$C_c$ 是电缆电容，$C_i$，$R_i$ 是放大器输入电容和电阻。

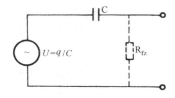

图 3-4　压电元件等效电路

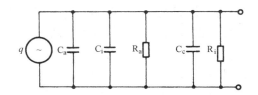

图 3-5　压电传感器完整等效电路

### 3.3.2　测量电路

压电传感器本身的内阻抗很高，而输出的电荷又非常微弱，因此传感器对测量电路有两个要求：放大作用和阻抗变换作用，即将压电传感器的高输出阻抗变换成低输出阻抗，这就需要使用前置放大器。压电传感器的输出可以是电压，也可以是电荷，因此常用的前置放大器主要有电压放大器和电荷放大器两种类型。

#### 1. 电压放大器

一般情况下，电压源要求前置放大器的电压灵敏度不随工作频率降低，将 $R_a$ 与 $R_i$，$C_c$ 与 $C_i$ 并联，得出

$$R = \frac{R_a R_i}{R_a + R_i} \qquad C = C_c + C_i$$

压电传感器的开路电压 $U$ 与其产生的电荷 $q$ 和其本身的电容量 $C$ 有关，即 $U = \dfrac{q}{C_a}$，当 $\omega R(C_a + C_c + C_i) \gg 1$ 时，放大器输入电压幅值为

$$U_{srm} = \frac{d F_m}{C_a + C_c + C_i}$$

式中，$U_{srm}$ 为输入电压的最大值；$F_m$ 为作用力的最大值。

由上式可以发现，当改变连接传感器与前置放大器的电缆长度时，$C_c$ 将改变，放大器输入电压 $U_{sr}$ 也随之变化，从而使前置放大器的输出电压 $U_{sc}=AU_{sr}$ 发生变化（$A$ 为前置放大器的增益）。因此，传感器与前置放大器组合系统的输出电压和电缆电容有关。在设计时，常常把电缆长度定为一个常值；在实际使用时，如果改变电缆长度，则应当重新校正其灵敏度，否则由于电容电缆的改变，将会导致误差的产生。

图 3-6 是具有前置放大功能的电压放大器。图中 $VT_1$ 是 MOS 型场效应管，构成源极输出器，第二级是锗管构成的对输入端的电压负反馈，提高输入阻抗，降低输出阻抗。$R_1,R_2$ 是 $VT_1$ 的偏置电阻，$R_3$ 是一个 100M$\Omega$ 的电阻，可以提高输入阻抗。$R_5$ 是 $VT_1$ 的漏极电阻，其数值可以根据漏极电流的大小确定。$R_4$ 是 $VT_1$ 的源极接地电阻，也是 $VT_2$ 的负载电阻，$R_4$ 上的交流电压经 $C_2$ 反馈到输入端，提高 A 点电位，使 $R_3$ 两端电位接近，更加提高了输入阻抗。二极管 $VD_1$ 是保护场效应管，同时在温度变化时，利用二极管的反相电流随温度变化进行温度补偿。$R_6$ 是限流电阻，使稳压管工作在稳压区。这个电路实际上是起了一个阻抗变换的作用。

### 2．电荷放大器

电荷放大器是一个具有反馈电容的高增益运算放大器，如果忽略 $R_i$，等效电路如图 3-7 所示。图中 $U_o$ 为放大器输出电压，其大小为

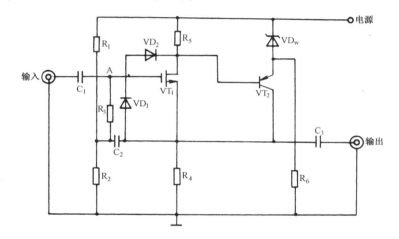

图 3-6　具有前置放大功能的电压放大器

$$U_o = \frac{qA}{C_a + C_c + C_i - C_f(A-1)} = U_{sr}A$$

若 $A \gg 1$，$C_f A \gg C_a + C_c + C_i$，则有

$$U_o \approx \left| \frac{q}{C_f} \right| \qquad U_{sr} \approx \left| \frac{q}{C_f A} \right|$$

由上式可以发现，在电荷放大器中，$U_o$ 与电缆电容无关，而与 $q$ 成正比。这就是电荷放大器的特点。

如图 3-8 为具有前置放大功能的电荷放大器实用电路。$VT_1$ 是场效应管，进行阻抗变换。$VT_2$ 是普通三极管组成的共射级放大电路。集电极引

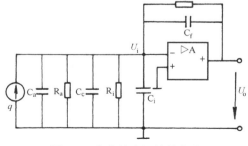

图 3-7　电荷放大器等效电路

出的四个电阻 $R_1,R_2,R_3,R_4$ 组成分压器，以供给 $VT_1$ 适当的偏压，用负反馈稳定直流工作点。$C_1$ 是旁路电容，使交流信号不反馈，$C_f$ 是反馈电容。

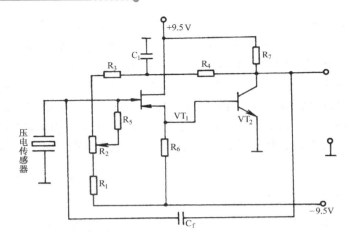

图 3-8　具有前置放大功能的电荷放大器实用电路

## 3.4　应用举例

### 3.4.1　压力传感器及电路

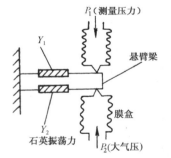

图 3-9　石英压力传感器结构原理图

压力传感器用于流体压力计、水位计、加速度计、倾斜仪等。石英压力传感器的结构原理如图3-9所示。在平行于石英振子的表面加力，作用力按一比例关系转换成石英的振荡频率，通过传感器，以两石英的振荡频率差作为输出。该传感器可以测量振动频率达10Hz的作用力。

图 3-10 是石英压力传感器的测量电路。$VT_1$ 与 $VT_2$ 组成差动放大电路，在被测差压为零时，经差动放大电路的发射极输出电流为零，再经 $VT_3$ 转换成零电压输出。若被测量不为零，输出电压就反映了被测压力。

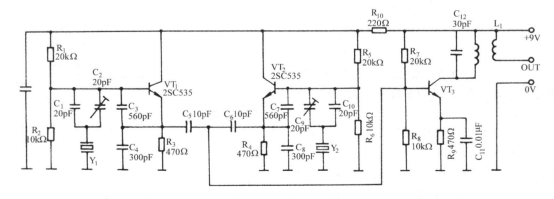

图 3-10　石英压力传感器测量电路图

### 3.4.2 压电加速度传感器及电路

加速度传感器是利用质量块将加速度转换成作用力，在压电元件上产生电荷输出。图 3-11 是压电加速度传感器结构原理图。传感器在感受被测加速度时，通过传感器中的质量块转换成作用在压电元件上的作用力，同时质量块又起预紧力的作用。目前，对加速度的测量已有专用的传感器如 TA-25、国产的 5511 型传感器，这类传感器主要用于振动加速度的测量。如 TA-25，它的性能参数如下：

- 测量范围：$(\pm 1 \sim \pm 10)g$；
- 分辨率：$5 \times 10^{-6}g$；
- 输出电压：$(1 \sim 5)$ V/$g$；
- 电源电压：$\pm 15$V（$\pm 20\%$）。

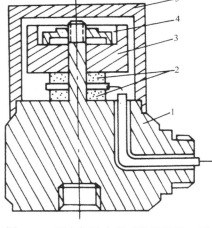

图 3-11 压电加速度传感器结构原理图
1—基座；2—压电片；3—质量块；4—弹簧；5—壳体

图 3-12 是一种振动加速度传感器的测量电路。电路中，利用传感器将被测加速度转换成电压输出，经过运放 741 和阻容元件组成的二阶低通滤波器将 53Hz 以上的振荡频率衰减，再经 $IC_2$（3521）和阻容元件组成的高通滤波器滤去低于 1Hz 的振荡频率。$IC_3$ 与 $IC_4$ 组成交流放大积分器，可以将 $IC_2$ 的输出转换成速度输出。$IC_5$ 与 $IC_6$ 又可以将速度积分成位移输出。由于加速度、速度、位移幅度的不同，为了都能送至同一片 MC14433 做 A/D 转换，电路中配备了未标阻值的三个串联分压器，可以根据需要设计选择。图中 $IC_7$ 是反相器。

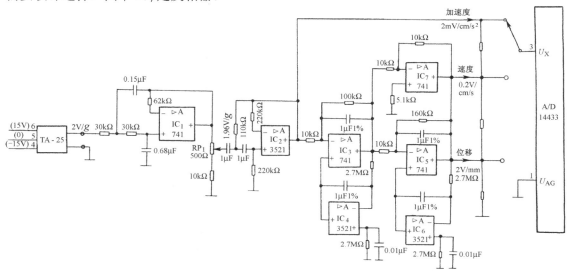

图 3-12 振动加速度传感器测量电路图

### 3.4.3 电子气压计

用气压表监测大气压力，对于预报天气具有重要的意义。传统的气压计是玻璃管式的气压表，在使用之前，需要调节刻度盘指针位置，经较长时间才能测量出气压的变化，而且由于机械磨擦的影响，会带来很大的测量误差。这里介绍的电子气压计，是用压电片作为压力传感器，用发光二极管随时自动显示大气压力及变化趋势。该电子气压计传感器内部结构如图3-13所示。

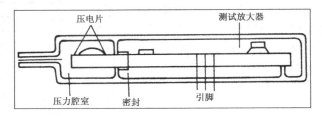

图3-13  电子气压计传感器内部结构

这种传感器采用 Bosch 公司生产的 HS20 型压电式传感器，在图 3-14 的电子气压计测试电路中，在传感器芯片的①，③脚加上合适的电压（如+5V），当压电片受到大气压力作用时，由传感器的②脚输出与大气压力成正比的直流电压，并且传感器内部有温度补偿电路，环境温度的变化对测量结果无影响。

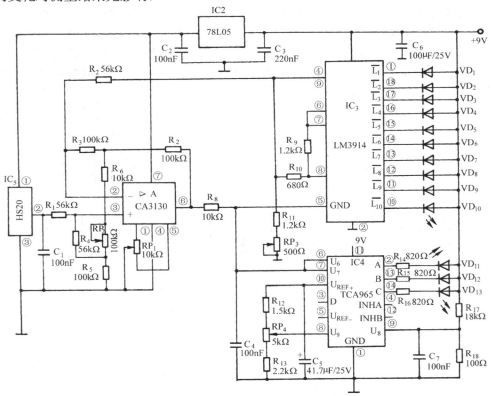

图3-14  电子气压计的测试电路

测量电路中，传感器的输出经高输入阻抗放大器 CA3130 放大，其中 $RP_1$ 可调整失调电压，$RP_2$ 调节该放大器的放大倍数。放大器的输出接入 $IC_3$，$IC_3$ 是由 LM3914 驱动器组成的 LED 驱动电路，它的输出端 $L_1 \sim L_{10}$ 分别接有指示气压值的 10 只发光二极管。发光二极管的亮、灭由 LM3914 的⑤脚输入的电平高低来决定。LM3914 的内部具有稳定的电压基准，与⑤脚输入的直流电压相比较，保证测量的准确性。这个基准电压还通过 $R_2$ 加到 CA3130 的反相输入端，为它提供稳定的电压基准。此外，$IC_3$ 通过内部的恒流源驱动发光二极管，故 $VD_1 \sim VD_{10}$ 无需串接限流电阻。$IC_4$TCA965 为窗口鉴别器，它与发光二极管 $VD_{11} \sim VD_{13}$ 组成气压变化趋向指示电路。$RP_4$ 可调节窗口电平，若气压稳定，$VD_{12}$ 点亮，气压降低，$VD_{13}$ 点亮，气压升高，$VD_{11}$ 点亮。电路中 78L05 是集成稳压器，为 HS20 提供稳定的 5V 电源电压。

## 思考题

3.1 什么是压电效应？压电效应的特点是什么？以石英晶体为例，说明压电元件是怎样产生压电效应的？

3.2 压电传感器为什么只适用于动态测量？

3.3 压电传感器的结构中，为什么要有施加预紧力的装置？

3.4 压电传感器为什么要接前置放大电路？常用的前置放大电路有几种？各有什么特点？

3.5 试用压电传感器设计一个黏度计，画出结构原理图，说明测量过程以及工作原理。

# 第 4 章

# 热电偶传感器

热电偶传感器的基本转换原理是将温度或能转换成温度变化的物理量，经热电偶转换成热电势的输出。这种传感器的主要特点是：

（1）结构简单，使用方便，有标准的显示和记录仪表（动圈式仪表）配合使用。

（2）以热电势输出，属于自发电型传感器。测量时，无需外加电源。

（3）测量范围广，尤其是高温域的测量，可达 1800℃以上。

（4）便于远距离测量和多点测量，可测温度、温度差或平均温度。

## 4.1 热电偶热电效应和热电偶定律

### 4.1.1 热电偶

热电偶是用两种不同材料的导体 A,B 首尾相接，组成一个闭合回路，如图 4-1 所示。其中 A,B（图中的 2）称为热电偶的热电极。两个接点放在不同的温度场中，通常 $T$（图中的 1）为被测温度，也称工作端或热端，$T_0$（图中的 4）为参考温度，也称自由端或冷端。3 是当热电偶回路产生热电势时，回路内产生的磁场。

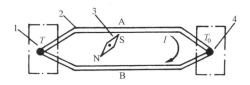

图 4-1 热电偶的组成

### 4.1.2 热电效应

热电偶的工作原理基于热电效应，即两种不同材料的热电极首尾连接置于不同的温度场中，在热电偶回路内产生电动势，如图 4-2 所示。热电偶回路内产生的热电势由两部分组成：接触电势和温差电势。

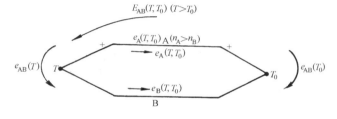

图 4-2  热电偶的热电势

#### 1. 接触电势

由两种导体相接触而形成的电势称为接触电势。它的产生是由于两个热电极 A,B 材料不同（假设 $n_A > n_B$），则它们的自由电子的浓度不等，当这两种材料在 $T$ 和 $T_0$ 处相接触时，由于 $n_A > n_B$，在接触面上会产生电子扩散。电子扩散的速率与两电极的材料和接触面温度有关，电子扩散的结果使导体 A 由于失去电子而带正电荷，导体 B 获得电子而带负电荷，在接触面形成电场，这个电场阻碍了电子的继续扩散，在某一时刻达到动态平衡，在接触区形成一个稳定的电位差，即接触电势。在热电偶回路中存在接触电势 $e_{AB}(T)$ 和 $e_{AB}(T_0)$，方向如图 4-2 所示。

$$e_{AB}(T) = \frac{KT}{e} \ln \frac{n_A}{n_B}$$

$$e_{AB}(T_0) = \frac{KT_0}{e} \ln \frac{n_A}{n_B}$$

式中，$K$ 为波尔兹曼常数（$K = 1.38 \times 10 - 23$  J/K）；$e$ 为电子电荷（$1.6 \times 10 - 19C$）；$n_A, n_B$ 为 A,B 材料的自由电子浓度。

#### 2. 温差电势

对于同一导体，由于两端温度不同而形成的电势称为温差电势。假设 $T > T_0$，由于同一热电材料高温端电子所具有的动能较大，因而向低温端扩散。高温端因失去电子而带正电，低温端因得到电子而带负电，这样就会在高、低温两端之间形成一个电位差，产生了温差电势 $e_A(T, T_0)$ 和 $e_B(T, T_0)$，方向如图 4-2 所示。温差电势的大小与热电极材料和两端温度有关。

$$e_A(T, T_0) = \int_{T_0}^{T} \delta_A dT \qquad e_B(T, T_0) = \int_{T_0}^{T} \delta_B dT$$

式中，$\delta_A, \delta_B$ 为汤姆逊系数，表示导体两端温度差为 1℃时产生的温差电势。

### 4.1.3 热电偶的测温原理

设热电偶回路生成的总热电势为 $E_{AB}(T, T_0)$，其方向与 $e_{AB}(T)$ 方向一致，则

$$E_{AB}(T, T_0) = e_{AB}(T) - e_{AB}(T_0) - e_A(T, T_0) + e_B(T, T_0)$$

式中，$e_A(T, T_0)$ 和 $e_B(T, T_0)$ 在总热电势中所占比例很小，可以忽略不计。当热电偶选取之后，$n_A, n_B$ 为定值，$K, e$ 为恒量，有

$$E_{\mathrm{AB}}(T,T_0) = f(T) - f(T_0)$$

若冷端 $T_0$ 恒定，那么 $f(T_0)$ 为一常数，则

$$E_{\mathrm{AB}}(T,T_0) = f(T) - C = \varphi(T)$$

这就是热电偶测温的原理。通过以上的分析可以得出如下结论：

（1）热电偶的两个热电极必须是两种不同材料的均质导体，否则热电偶回路的总电势为零。

（2）热电偶两接点温度必须不等，否则，热电偶回路总热电势亦为零。

（3）热电偶 A，B 产生的热电势只与两个接点温度有关，而与中间温度无关；与热电偶的材料有关，而与热电偶的尺寸、形状无关。

### 4.1.4  热电偶定律

使用热电偶测量温度，只利用上面所介绍的热电偶回路是不够的。如果要拆开回路，对热电偶有没有影响呢？

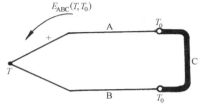

图 4-3  具有中间导体的热电偶回路

#### 1. 中间导体定律

在实际测量时，热电偶回路中接入测量仪表，并用导线连接。只要引入导线两端温度相同，热电偶回路生成的热电势不受影响，这就是中间导体定律。

下面对具有中间导体的热电偶回路定律加以证明。如图 4-3 所示，热电偶回路插入中间导体 C 后，总的热电动势为

$$E_{\mathrm{ABC}}(T,T_0) = e_{\mathrm{AB}}(T) + e_{\mathrm{BC}}(T) + e_{\mathrm{CA}}(T_0)$$

$$= \frac{KT}{e}\ln\frac{n_{\mathrm{A}}}{n_{\mathrm{B}}} + \frac{KT_0}{e}\ln\frac{n_{\mathrm{B}}}{n_{\mathrm{C}}} + \frac{KT_0}{e}\ln\frac{n_{\mathrm{C}}}{n_{\mathrm{A}}}$$

$$= \frac{KT}{e}\ln\frac{n_{\mathrm{A}}}{n_{\mathrm{B}}} + \frac{KT_0}{e}(1n\frac{n_{\mathrm{B}}}{n_{\mathrm{C}}} + 1n\frac{n_{\mathrm{C}}}{n_{\mathrm{A}}})$$

$$= \frac{KT}{e}\ln\frac{n_{\mathrm{A}}}{n_{\mathrm{B}}} + \frac{KT_0}{e}\ln(\frac{n_{\mathrm{B}}}{n_{\mathrm{C}}} \times \frac{n_{\mathrm{C}}}{n_{\mathrm{A}}})$$

$$= \frac{KT}{e}\ln\frac{n_{\mathrm{A}}}{n_{\mathrm{B}}} + \frac{KT_0}{e}\ln\frac{n_{\mathrm{B}}}{n_{\mathrm{A}}}$$

$$= \frac{KT}{e}\ln\frac{n_{\mathrm{A}}}{n_{\mathrm{B}}} - \frac{KT_0}{e}\ln\frac{n_{\mathrm{A}}}{n_{\mathrm{B}}}$$

$$= E_{\mathrm{AB}}(T,T_0)$$

根据中间导体定律，热电偶回路插入多种导体，只要保证插入的每种导体两端温度相同，则热电偶回路生成的热电势不受插入导体的影响。

#### 2. 中间温度定律

热电偶 $T$ 与 $T_0$ 之间若有一温度 $T_n$，热电偶的热电势 $E_{\mathrm{AB}}(T,T_0)$ 可以用 $E_{\mathrm{AB}}(T,T_n)$ 与

$E_{AB}(T_n, T_0)$ 的和表示，这就是热电偶的中间温度定律。与中间温度定律有关的热电偶回路如图 4-4 所示。

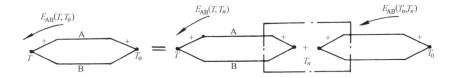

图 4-4　与中间温度定律有关的热电偶回路

证明如下：

$$E_{AB}(T, T_0) = \frac{KT}{e}\ln\frac{n_A}{n_B} - \frac{KT_0}{e}\ln\frac{n_A}{n_B}$$

$$= \frac{KT}{e}\ln\frac{n_A}{n_B} - \frac{KT_n}{e}\ln\frac{n_A}{n_B} + \frac{KT_n}{e}\ln\frac{n_A}{n_B} + \frac{KT_0}{e}\ln\frac{n_A}{n_B}$$

$$= E_{AB}(T, T_n) + E_{AB}(T_n, T_0)$$

中间温度定律为热电偶分度表的制定和使用奠定了理论基础。分度表指的是当热电偶冷端固定为 0℃时，热电偶在不同工作端温度下所得热电势与工作端温度之间所对应的表格（如 K 型热电偶分度表）；若冷端温度不为 0℃，则可以借助于分度表来查找工作端温度。其步骤如下：

（1）用温度计测量出 $T_0$；

（2）由分度表查出 $E_{AB}(T_0, 0)$；

（3）用毫伏表测出热电偶回路的热电势 $E_{AB}(T, T_0)$；

（4）用中间温度定律计算出 $E_{AB}(T, 0) = E_{AB}(T, T_n) + E_{AB}(T_n, 0)$；

（5）反查分度表，求出 $T$。

表 4-1　镍铬—镍硅（镍铝）K 型热电偶分度表（自由端温度为 0℃）

| 工作端温度（℃） | 热电动势（mV） | 工作端温度（℃） | 热电动势（mV） | 工作端温度（℃） | 热电动势（mV） | 工作端温度（℃） | 热电动势（mV） |
|---|---|---|---|---|---|---|---|
| −270 | −6.458 | −150 | −4.913 | −30 | −1.156 | 90 | 3.682 |
| −260 | −6.441 | −140 | −4.669 | −20 | −0.778 | 100 | 4.096 |
| −250 | −6.404 | −130 | −4.411 | −10 | −0.392 | 110 | 4.509 |
| −240 | −6.344 | −120 | −4.138 | 0 | 0.000 | 120 | 4.920 |
| −230 | −6.262 | −110 | −3.852 | 10 | 0.397 | 130 | 5.328 |
| −220 | −6.158 | −100 | −3.554 | 20 | 0.798 | 140 | 5.735 |
| −210 | −6.035 | −90 | −3.243 | 30 | 1.203 | 150 | 6.138 |
| −200 | −5.891 | −80 | −2.920 | 40 | 1.612 | 160 | 6.540 |
| −190 | −5.730 | −70 | −2.587 | 50 | 2.023 | 170 | 6.941 |
| −180 | −5.550 | −60 | −2.243 | 60 | 2.436 | 180 | 7.340 |
| −170 | −5.354 | −50 | −1.889 | 70 | 2.851 | 190 | 7.739 |
| −160 | −5.141 | −40 | −1.527 | 80 | 3.267 | 200 | 8.138 |

| 工作端温度（℃） | 热电动势（mV） | 工作端温度（℃） | 热电动势（mV） | 工作端温度（℃） | 热电动势（mV） | 工作端温度（℃） | 热电动势（mV） |
|---|---|---|---|---|---|---|---|
| 210 | 8.539 | 540 | 22.350 | 870 | 36.121 | 1200 | 48.838 |
| 220 | 8.940 | 550 | 22.776 | 880 | 36.524 | 1210 | 49.202 |
| 230 | 9.343 | 560 | 23.203 | 890 | 36.925 | 1220 | 49.565 |
| 240 | 9.747 | 570 | 23.629 | 900 | 37.326 | 1230 | 49.926 |
| 250 | 10.153 | 580 | 24.055 | 910 | 37.725 | 1240 | 50.286 |
| 260 | 10.561 | 590 | 24.480 | 920 | 38.124 | 1250 | 50.644 |
| 270 | 10.971 | 600 | 24.905 | 930 | 38.522 | 1260 | 51.000 |
| 280 | 11.382 | 610 | 25.330 | 940 | 38.918 | 1270 | 51.355 |
| 290 | 11.795 | 620 | 25.755 | 950 | 39.314 | 1280 | 51.708 |
| 300 | 12.209 | 630 | 26.179 | 960 | 39.708 | 1290 | 52.060 |
| 310 | 12.624 | 640 | 26.602 | 970 | 40.101 | 1300 | 52.410 |
| 320 | 13.040 | 650 | 27.025 | 980 | 40.494 | 1310 | 52.759 |
| 330 | 13.457 | 660 | 27.447 | 990 | 40.885 | 1320 | 53.106 |
| 340 | 13.874 | 670 | 27.869 | 1000 | 41.276 | 1330 | 53.451 |
| 350 | 14.293 | 680 | 28.289 | 1010 | 41.665 | 1340 | 53.795 |
| 360 | 14.713 | 690 | 28.710 | 1020 | 42.053 | 1350 | 54.138 |
| 370 | 15.133 | 700 | 29.129 | 1030 | 42.440 | 1360 | 54.479 |
| 380 | 15.554 | 710 | 29.548 | 1040 | 42.826 | 1370 | 54.819 |
| 390 | 15.975 | 720 | 29.965 | 1050 | 43.211 | | |
| 400 | 16.397 | 730 | 30.382 | 1060 | 43.595 | | |
| 410 | 16.820 | 740 | 30.798 | 1070 | 43.978 | | |
| 420 | 17.243 | 750 | 31.213 | 1080 | 44.359 | | |
| 430 | 17.667 | 760 | 31.628 | 1090 | 44.740 | | |
| 440 | 18.091 | 770 | 32.041 | 1100 | 45.119 | | |
| 450 | 18.516 | 780 | 32.453 | 1110 | 45.497 | | |
| 460 | 18.941 | 790 | 32.865 | 1120 | 45.873 | | |
| 470 | 19.366 | 800 | 33.275 | 1130 | 46.249 | | |
| 480 | 19.792 | 810 | 33.685 | 1140 | 46.623 | | |
| 490 | 20.218 | 820 | 34.093 | 1150 | 46.995 | | |
| 500 | 20.644 | 830 | 34.501 | 1160 | 47.367 | | |
| 510 | 21.071 | 840 | 34.908 | 1170 | 47.737 | | |
| 520 | 21.497 | 850 | 35.313 | 1180 | 48.105 | | |
| 530 | 21.924 | 860 | 35.718 | 1190 | 48.473 | | |

中间温度定律还为补偿导线的使用奠定了理论基础。补偿导线是指在一定的温度范围内，某些廉价金属的热电特性与热电偶的热电特性相似，则在远距离测温时，由于热电偶长度有限，且多为贵金属，为了降低成本，可部分采用补偿导线。利用补偿导线延长热电偶的冷端如图 4-5 所示。

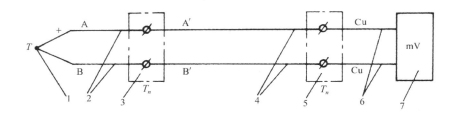

图 4-5　利用补偿导线延长热电偶的冷端

1—测量端；2—热电极；3—中间温度；4—补偿导线；5—新的冷端；6—铜引线；7—毫伏表

使用热电偶补偿导线时，应注意：

（1）热电偶两个热电极与补偿导线的接点必须具有相同的温度；

（2）各种补偿导线只能与相应型号的热电偶配合使用；

（3）补偿导线必须在规定的温度范围内使用（通常是 0℃～100℃）；

（4）极性不能接反。

常用热电偶补偿导线的特性见表 4-2。

表 4-2　常用热电偶补偿导线的特性

| 配用热电偶<br>（正—负） | 补偿导线<br>（正—负） | 导线外皮颜色 | | 100℃热电势（mV） | 20℃时的电阻率 |
| --- | --- | --- | --- | --- | --- |
| | | 正 | 负 | | |
| 铂铑 10—铂 | 铜—铜镍 | 红 | 绿 | 0.646±0.023 | <0.030×10⁻⁶ |
| 镍铬—镍硅 | 铜—康铜 | 红 | 蓝 | 4.096±0.063 | <0.50×10⁻⁶ |
| 镍铬—康铜 | 镍铬—康铜 | 红 | 棕 | 6.319±0.102 | <0.50×10⁻⁶ |
| 钨铼 5—钨铼 20 | 铜—铜镍 | 红 | 蓝 | 1.337±0.045 | — |

### 3．参考电极定律

前文中提到，国际通用的热电偶只有 8 种。实际上，如图 4-6 所示，利用参考电极定律，还可以选配多种热电偶以供使用。A,C 与 B,C 热电偶，在接点温度为 $T,T_0$ 时，有

$$E_{AB}(T,T_0) = E_{AC}(T,T_0) + E_{CB}(T,T_0)$$

在实际使用中，纯铂丝的性能稳定，常用来做参考电极，这样可以由多种热电材料和铂丝配成热电偶，因此大大简化了热电偶的选配工作。

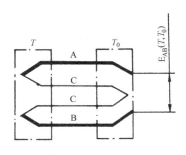

图 4-6　参考电极定律

## 4.2　热电偶的冷端处理

由热电偶测温原理分析可知，为保证热电偶热电势与被测温度 $T$ 成单值函数关系，则必须使 $T_0$ 端温度保持恒定。另外，在使用分度表时，在热电偶冷端温度为 0℃ 的情况下，常需要冷端温度保持在 0℃，需要对热电偶的冷端加以处理，于是产生热电偶冷端补偿问题。常用以下方法保持冷端为 0℃ 或保持恒定。

（1）冷端冰浴法：将热电偶的冷端置于装有冰水混合物的恒温容器中，使热电偶冷端温度保持 0℃ 不变。此种方法只适用于实验室中。

（2）冷端恒温法：在实际测量中，要把冷端恒定在 0℃，常常会遇到困难，因此可设法使冷端恒定在某一常温 $T_n$ 下。通常采用恒温器盛装热电偶的冷端，或将冷端置于温度变化缓慢的大油槽中，或将冷端埋入地下的铁盒里。

（3）仪表机械零点调整法：当热电偶与动圈仪表配套使用时（动圈仪表是专门与热电偶配套使用的显示仪表，它的刻度是依分度表而定的），若热电偶冷端不为 0℃，但基本恒定，这样在测量精度要求不高的场合下，可将动圈仪表的机械零点调至热电偶冷端所处的温度 $T_0$ 处。这相当于在输入热电势前就给仪表输入一个 $E_{AB}(T_0,0)$，最终仪表的指示值约为 $E_{AB}(T,T_n) + E_{AB}(T_n,0)$。

在机械零点调整时，应先将仪表的电源和输入信号切断，然后用螺丝刀调整仪表面板上的螺钉，使指针指到 $T_0$ 的刻度。

（4）电桥补偿法：电桥补偿法的原理如图 4-7 所示。热电偶经补偿导线与电桥相连，三个电桥平衡电阻的温度系数很小，当环境温度为 0℃ 时，电桥平衡，输出电压为零。若环境温度变化，热电偶的热电势也随之变化。同时，铜电阻也随温度而变化，在某一温度范围内，两者能够相互抵消由于温度变化引起的电压变化，从而实现了温度补偿。

图 4-7 中，$R_2,R_3,R_4$ 是锰铜丝绕制成的电阻，$R_{cu}$ 是由温度系数较大的铜丝绕制而成的。设电桥在 0℃ 时无补偿作用，当温度升高时，由于热电偶冷端与 $R_{cu}$ 处于同一温度下，$R_{cu}$ 阻值升高，电桥失去平衡，$R_{cu}$ 两端压降增大，b 点电位上升，$U_{bd}$ 与 $E_{AB}(T,T_0)$ 叠加。适当选择桥臂电阻，可以使 $U_{bd}$ 正好补偿热电偶由于冷端温度升高所损失的热电势。

注意：使用这种方法，冷端补偿器只能在一定范围内（0℃～40℃）起温度补偿作用。

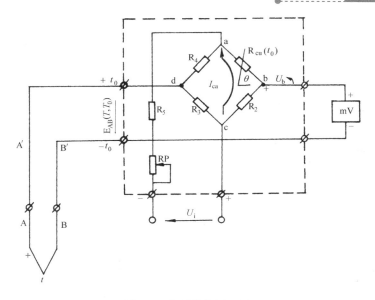

图 4-7　电桥补偿原理图

图 4-8 所示为 PCS203 型热电偶冷端补偿器的内部电路。该电路在输入端埋设了一个 $32.5\Omega$ 的铜电阻，当冷端温度为 0℃时，桥路平衡；不为 0℃时，电桥产生与冷端温度相对应的输出电压，将该输出放大，在 $5\Omega$ 电阻两端产生直流电压，这样就将补偿电压串联到热电偶电路中。这种电路能用于 CA（K 型），IC（J 型），PR10（S 型）温度传感器。它的技术规格如下：

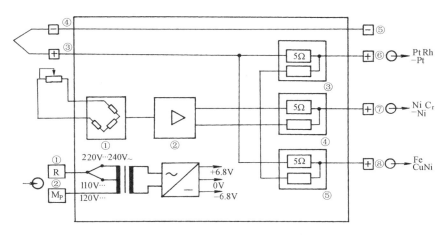

图 4-8　PCS203 型热电偶冷端补偿器内部电路

- 产品型号：9404，202，01001；
- 适合热电偶类型：CA（K 型），IC（J 型），PR10（S 型）；
- 冷端温度：0℃；
- 最大误差：±3℃；
- 内部电阻：$5\Omega$；

- 使用温度：-10℃～50℃；
- 工作温度：-10℃～60℃；
- 电源：110V～240V（±10%），48Hz～60Hz，1.7V·A；
- 尺寸：138mm×112mm×62mm；
- 重量：0.55kg。

# 4.3  常用热电偶及测温电路

## 4.3.1  常用热电偶材料

通常适于用做热电偶的材料有300多种。到目前为止，国际电工委员会已经将其中八种材料作为标准热电偶。表4-3为八种常用的热电偶及其特性。

表4-3  八种常用的热电偶及其特性

| 名　称 | 分 度 号 | 代号 | 测温范围（℃） | 100℃时的热电动势（mV） | 特　　点 |
|---|---|---|---|---|---|
| 铂铑①30—铂铑6 | B（LL-2）② | WRR | 50~1820 | 0.033 | 熔点高，测温上限高，性能稳定；精度高；100℃以下时热电动势极小，可不必考虑冷端补偿；价昂，热电动势小；只适用于高温域的测量 |
| 铂铑12—铂 | R（PR） | — | -50~1768 | 0.647 | 使用上限较高，精度高，性能稳定，复现性好；但热电动势较小，不能在金属蒸气和还原性气体中使用，在高温下连续使用特性会逐渐变坏，价昂；多用于精密测量 |
| 铂铑10—铂 | S（LB-3） | WRP | -50~1768 | 0.646 | 同上，性能不如R热电偶。曾经长期作为国际温标的法定标准热电偶 |
| 镍铬—镍硅 | K（EU-2） | WRN | -270~1370 | 4.096 | 热电动势大，线性好，稳定性好，价廉；但材质较硬，在1000℃以上长期使用会引起热电动势漂移；多用于工业测量 |
| 镍铬—镍硅 | N | — | -270~1370 | 2.774 | 是一种新型热电偶，各项性能比K热电偶更好，适宜于工业测量 |
| 镍铬—铜镍（康铜） | E（EA-2） | WRK | -270~800 | 6.319 | 热电动势比K热电偶大50%左右，线性好，耐高湿度，价廉；但不能用于还原性气体；多用于工业测量 |
| 铁—铜镍（康铜） | J（JC） | — | -210~760 | 5.269 | 价格低廉，在还原性气体中较稳定；但纯铁易被腐蚀和氧化；多用于工业测量 |
| 铜—铜镍（康铜） | T（CK） | WRC | -270~400 | 4.279 | 价廉，加工性能好，离散性小，性能稳定，线性好，精度高；铜在高温时易被氧化，测温上限低；多用于低温域测量，可做（-200~0）℃温域的计量标准 |

注：① 表示铂铑30合金含铂70%及铑30%
　　② 括号内为旧分度号

## 4.3.2　结构与用途

热电偶根据结构形式的不同，各自的用途也不同。

### 1.普通型热电偶

普通型热电偶主要用于测量气体、液体、蒸气等物质的温度。由于在基本相似的条件下使用，因此普通型热电偶已制成标准形式，主要有棒形、角形、锥形等，还做成无专门固定装置、有螺纹固定装置及法兰固定装置等多种形式。图 4-9 所示即为一棒形、无螺纹、法兰固定的普通型热电偶结构示意图。

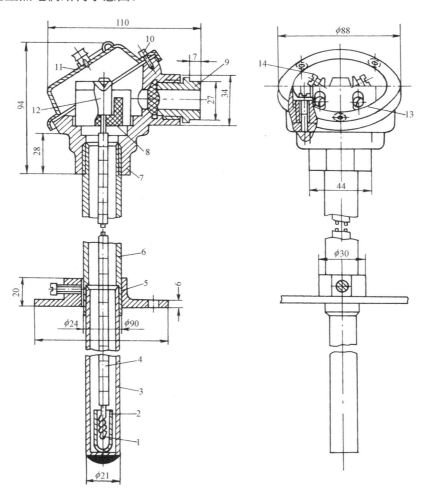

图 4-9　普通型热电偶的结构示意图（单位：mm）

1—热电偶冷端；2—绝缘管；3—下保护套管；4—绝缘珠管；5—法兰；6—上保护套管；

7—接线盒底座；8—接线绝缘座；9—引出线管；10—固定螺钉；11—外罩；12—接线柱；

13—引出电极固定螺钉；14—引出线螺钉

**2．铠装热电偶**

特殊热电偶结构图如图4-10所示。

铠装热电偶又称为缆式热电偶，它是由热电极、绝缘材料和金属保护套管三部分组合在一起构成的特殊结构的热电偶，可以做得很细很长，且可以弯曲。其结构如图4-10（a）所示，可以分成单芯和双芯两种类型。

铠装热电偶是由热电极、绝缘材料和金属保护套管三部分一起拉制成型的，因此外径可以小到1mm～3mm，内部热电极直径常为0.2mm～0.8mm，而套管外壁一般为0.12mm～0.60mm。

铠装热电偶的特点是热惯性小，有良好的柔性，便于弯曲，抗振性能好，动态响应快（时间常数可达0.01s），适用于测量狭长对象上各点的温度。

**3．薄膜热电偶**

所谓薄膜热电偶是指通过真空蒸镀（或真空溅射）的方法，把热电偶材料沉积在绝缘基板上面而制成的热电偶，其结构示意图如4-10（b）所示。由于采用蒸镀技术，热电偶可以做得很薄（微米级）。

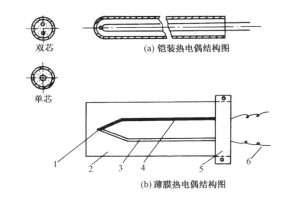

图4-10　特殊热电偶结构图

1—工作端；2—绝缘基板；3—电极A；4—电极B；5—接线夹；6—引线

薄膜热电偶使用温度范围为（-200～+500）℃时，热电极通常使用铜—康铜、镍铬—考铜、镍铬—镍硅等材料制成，绝缘基板材料采用云母，适用于各种表面的温度测量以及汽轮机叶片等温度的测量。当使用温度范围为（500～1800）℃时，热电极使用镍铬—镍硅、铂铑—铂铑等材料制成，绝缘基板则采用陶瓷材料制成，常用于火箭、飞机喷射的温度测量和钢锭、轧辊等表面温度的测量。

**4．表面热电偶**

表面热电偶适用于测量圆弧形表面的温度，其热电极做成带状，接点在中央作为测量端，而两端固定在装有手柄的弓形架上，手柄上装有毫伏表，使用时把热电极的中间贴在被测表面上。

### 5．消耗式热电偶

消耗式热电偶主要用于测量钢水温度，图 4-11 为其结构原理图。其中，热电极 2 是用铂铑$_{10}$—铂或铂铑$_{10}$—铂铑制成的，装在 U 型石英管 3 之中，后面接有补偿导线 6，而补偿导线的另一端引至塑料插座 7 上。使用时可以将热电偶装在专用的工具上，迅速插入钢水的钢渣下（200～300）mm 处，4s 即可读数。为了保护石英管，在它的前面装有铝保护帽。

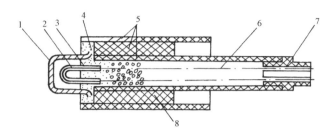

图 4-11　消耗式热电偶结构原理图

1—保护帽；2—热电极；3—石英管；4—耐火材料；5—纸管；6—补偿导线；7—插座；8—棉花

## 4.3.3　典型测温线路

### 1．测量某点温度

图 4-12 是热电偶和一个仪表配用测量某点温度的基本连接电路。图（a）测量时，只要 C 的两端温度相等，则对测量精度无影响。图（b）是冷端在仪表外面的线路。如果配用的仪表是动圈式仪表，则其补偿导线电阻应尽量小。其中 A,B 是热电偶，A′,B′ 是补偿导线，C 是接线柱，D 是铜导线。

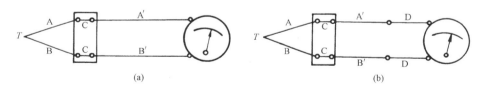

图 4-12　热电偶与仪表配用测量某点温度的基本连接电路

### 2．测量两点温度的和与差

热电偶的测温线路如图 4-13 所示，其中图（a）是两支同一型号的热电偶正向串联，用来测量两点温度之和。若 $t_1 = t_2 = t_x$，则当使用多根热电偶串联测温时，可以成倍地提高总的热电动势的输出，大大提高测量的灵敏度，这称为热电堆。而图（b）是将两支同型号的热电偶反向串联，可以用来测量两点之间的温度差。

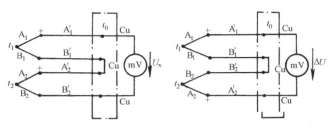

(a) 热电偶正向串联　　　　　　　(b) 热电偶反向串联

图 4-13　热电偶的测温线路

### 3．平均温度的测量

热电偶测量平均温度的连接电路如图 4-14 所示。

图 4-14（a）中，输入到仪表两端的毫伏值为三个热电偶输出热电动势的平均值，即

$$E = E_{AB}\left(\frac{t_1 + t_2 + t_3}{3}, t_0\right)$$

此电路的特点是：仪表的分度和单独配用一个热电偶时一样，其缺点是当某一热电偶烧断时不能很快地觉察出来。

在图 4-14（b）中，输入到仪表两端的热电动势为三个热电偶产生的热电动势之总和，即

$$E = E_1 + E_2 + E_3$$

可直接从仪表读出平均值。本电路的优点是：热电偶烧断时可以立即知晓，另外可获得较大的热电动势。应用此种电路时，每一热电偶引出的补偿导线还必须回接到仪表的冷端。

注意：使用上述电路测量时，必须尽量避免测量点接地。

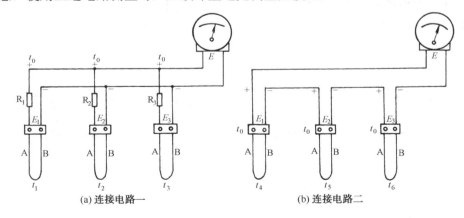

(a) 连接电路一　　　　　　　(b) 连接电路二

图 4-14　热电偶测量平均温度的连接电路

## 4.4　K 型热电偶数字温度仪

这里介绍的温度仪采用 K 型热电偶作为传感器，它的测量范围为 0℃～1200℃。测量电路的元器件少，精度高，具有较高的技术水平。图 4-15 为 K 型热电偶数字温度仪的测量电

路。热电偶的输出电压小，需要漂移很小的放大电路，同时，热电偶又存在非线性的特点，所以这里选用的测量电路，具有测量放大、温度补偿和非线性校正的多种功能。

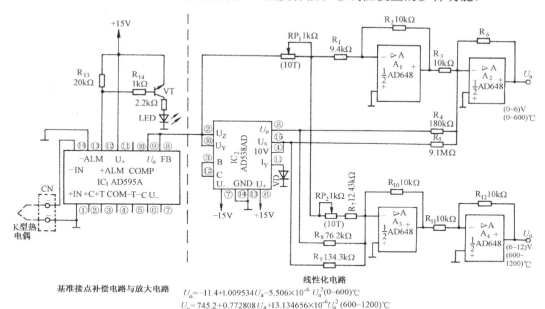

$U_o = -11.4 + 1.009534 U_a - 5.506 \times 10^{-6} U_a^2 (0\sim600)℃$

$U_o = 745.2 + 0.772808 U_a + 13.134656 \times 10^{-6} U_a^2 (600\sim1200)℃$

图 4-15　K 型热电偶数字温度仪测量电路

图 4-15 中，AD595 是具有热电偶断线报警功能的集成电路，热电偶通过 CN 接入＋IN，－IN 两个输入端子。为了确保热电偶不断线，可以利用晶体管 VT 和发光二极管 LED 做断线报警。热电偶断线，VT 导通，二极管点亮。

由于热电偶的热电势与被测温度之间存在着非线性的关系，因此 AD595 的 $U_o$ 接入 AD538 专用集成平方电路，进行平方处理后，接入 $A_1$ 和 $A_2$ 做加法处理。$A_1$ 是比例放大器，$A_2$ 是反向加法器，这样可以完成非线性误差的补偿处理。这种传感器的灵敏度可以达 10mV/V。图 4-15 中的 $A_3$ 和 $A_4$ 是另一路非线性补偿的处理电路，它与 $A_1, A_2$ 组成两个量程的测量输出。无论是 $(0\sim600)℃$ 还是 $(600\sim1200)℃$ 的温度测量，接 A/D 转换或数字电压表就可以读取温度值。

 **思考题**

4.1　将一灵敏度为 0.08mV/℃ 的热电偶与电压表相连，电压表接线端是 50℃，电压表读数为 60mV。求热电偶的测量端温度。

4.2　图 4-16 是镍铬—镍硅热电偶的测温线路，$A'$，$B'$ 是补偿导线，$l_{cu}$ 是铜导线，接线盒 1 的温度 $t_1$ 为 40℃，接线盒 2 的温度 $t_3$ 为 20℃。求：

（1）当 $U_3$ 为 39.314mV 时，被测温度为多少？

（2）若补偿导线换成铜导线，$U_3$ 又为多少？

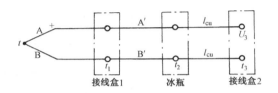

图 4-16　镍铬－镍硅热电偶的测温线路

4.3　补偿导线的作用是什么？使用补偿导线时应注意什么？

4.4　要测量钢水温度、汽轮机高压蒸气温度、内燃机汽缸四个冲程中的温度变化，应分别选用哪种类型的热电偶？

4.5　热电偶三个定律是什么？有什么实用性？

4.6　分别证明图 4-13、图 4-14（a）可以测量两点温度和、两点温度差和三点平均温度。

第 5 章

# 光电传感器

光电传感器的基本转换原理是将被测量转换成光信号的变化，然后将光信号作用于光电元件而转换成电信号的输出。光电传感器可测量的参数很多，一般情况下具有非接触式测量的特点，并且光电传感器的结构简单，具有很高的可靠性且动态响应极快。随着激光光源、光栅、光导纤维等的相继出现和成功应用，使得光电传感器越来越广泛地应用于检测和控制领域。

## 5.1 光电效应和光电元件

### 5.1.1 光电效应及分类

光电传感器中能够将光信号转换成电信号输出的元件称为光电元件。光电元件的这种特性就是光电效应。换句话说，光电效应即为光电元件在光能的激发下产生某些电特性的变化。为什么光电元件会产生光电效应呢？当前的物理学界认为，光是分离的能量团（光子）组成的，光子兼有波和粒子的特性。把光看做一个波群，这个波群可认为是一个频率为 $\gamma$ 的振荡。当光照射物体时，相当于一连串具有 $h\gamma$ 能量的光子轰击物体（$h$ 为普朗克恒量 $6.626 \times 10^{-34}$J·s，$\gamma$ 为入射光的频率），由于光子与物质间的连接体是电子，则组成物体的电子吸收光子能量，才能发生相应电特性的变化。

依据光电元件发生电特性变化的不同，光电效应分为三种类型：

（1）光照使电子逸出形成光电流的现象称为外光电效应。基于外光电效应的典型光电元件有光电管和光电倍增管等。

（2）光照使物体的导电能力发生变化的现象称为内光电效应。基于内光电效应的典型光电元件有光敏电阻和光敏晶体管等。

（3）光照使物体向外输出固定的电动势的现象称为光生伏特效应。光生伏特效应的典型光电元件有光电池等。

利用各种光电元件制成的光电传感器广泛用于转速、位移、温度、浓度、浊度、距离等参数的测量，还可用于产品的计数、机床的保护装置等。随着电子工业的发展，新光源、新光电元件（如光导纤维、电荷耦合摄像、光电位置敏感元件）的出现，使光电传感器应用范围日趋扩大，不仅能测量一维量而且能够测量二维量，直接获得图形符号。光电传感器是一种很有发展前途的传感器。

### 5.1.2　光电元件

为了更好地分析和使用光电传感器，对于各类典型的光电元件及其原理简述如下。

#### 1．光电管

常见的光电管外形如图 5-1 所示，阳极 A 与阴极 K 封装在一个玻璃壳内，当入射光照射在阴极上，阴极表面电子吸收光子的能量，当其自身能量足以克服阴极束缚力的时候，就会逸出阴极表面，如果在阴极与阳极之间加以正向电压，逸出的电子就会定向射向阳极而形成光电流。这一过程可以用爱因斯坦方程来表示，即

$$\frac{1}{2}mv^2 = h\gamma - A$$

式中，$m$ 为电子质量；$v$ 为电子逸出时的初速度；$A$ 为逸出功，即克服阴极表面对电子的束缚力而做的功，不同的材料，其逸出功不同。

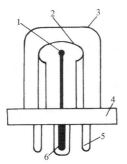

图 5-1　常见的光电管外形图

1—阳极 A；2—阴极 K；3—玻璃外壳；
4—管座；5—电极引脚；6—定位销

由上式可以发现，光电子逸出物体时所具有的动能，与入射光的频率有关，与材料有关。因此，对某种材料的光电管而言，若想在光照下有光电流生成，不仅需要在阳极与阴极间加有正向电压，还需要入射光有足够的能量。为了保证这一点，入射光的频率必须大于某一极限，即 $\gamma > \dfrac{A}{h}$，这一频率称为"红限"。

由此可以看出，光电管形成光电流需要两个条件：一是要有足够的光照而克服逸出功，即入射光频率大于红限；二是阳极与阴极之间外加正向电压。

光电管的图形符号及测量电路如图 5-2 所示。负载电阻 $R_L$ 与光电管串联接入电路，该电阻上的压降随光电流的大小而变化，而光电流的大小又直接反映了光照强度的变化，从而利用光电管实现光电信号的转换。光电管在工业测量中多用于紫外线测量、火焰监测等场合。光电管的灵敏度较低，因此，在微光测量中，常常使用光电倍增管。

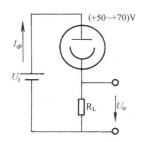

图 5-2　光电管图形符号及测量电路

#### 2．光电倍增管

图 5-3 为光电倍增管的结构、图形符号和光电特性。

光电倍增管在普通光电管阴、阳极的基础上，又加入了光电二次发射的倍增极。这些光电倍增极上面有着 Sb-Cs 或 Ag-Mg 等光敏材料。在工作时，这些电极的电位逐级提高，当光照射阴极 K 时，阴极的光电子受第一倍增极 $VD_1$ 正电位的作用，加速并打在 $VD_1$ 上，由 $VD_1$ 产生的二次发射电子，在更高电位的 $VD_2$ 极的作用下，又加速射到 $VD_2$ 极上，在 $VD_2$ 极又将产生二次发射，这样逐级加速，一直到最后到达阳极 A 为止。若每级的倍增率均为 $\delta$，

且倍增极的个数为 $n$ 个，则该光电倍增管的灵敏度将是普通光电管的 $\delta^n$ 倍。一般光电倍增管的倍增极有 9～14 个。光电倍增管的输出特性（光电特性）基本上是一条直线，如图 5-3（c）所示。在激光测量中，光电倍增管的应用相当广泛。

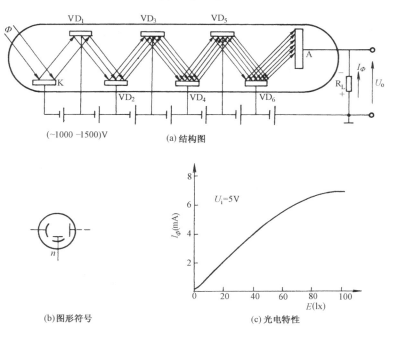

图 5-3　光电倍增管结构、图形符号及光电特性

### 3．光敏电阻

在半导体光敏材料两端装上电极导线，并将其封装在带有透明窗口的管壳里就构成了光敏电阻。光敏电阻的种类繁多，一般由金属的硫化物、硒化物等材料制成（如硫化镉、硫化铅、硫化铊、硒化镉、硒化铅等）。光敏电阻结构示意图及图形符号如图 5-4 所示。

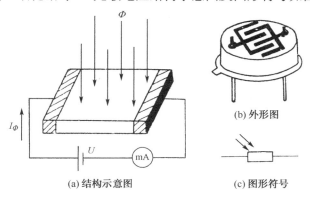

图 5-4　光敏电阻结构示意图及图形符号

金属的硫化物、硒化物等材料在黑暗的环境下，具有很高的电阻值。但当受到光照射时，若光辐射能量足够大，阻值降低，导电性能增强。

光敏电阻两极间加上电压，便有电流流过，若有光照，电流将增加。光敏电阻常做得很薄，因其光电效应只限于受光照的表面层。为了提高光敏电阻灵敏度，常将电极做成梳状，并将其严密封装在壳体中，以免受潮。在外壳的入射中，常用专用的滤光件，避免其他光线的干扰。

光敏电阻具有很高的灵敏度，测量入射光的范围可以从紫外线区域到红外线区域，且体积小，性能稳定，广泛应用于自动化技术中。

### 4．光敏二极管

图 5-5 所示为光敏二极管的结构与符号，其文字符号可以用 D 或 VD 表示。光敏二极管的结构与一般二极管相似，是两层半导体元件，一个 PN 结，PN 结装在透明管的顶部，直接接受光照。光敏二极管在电路中处于反向偏置状态，没有光照时，由于 PN 结反偏，所以光敏二极管截止，反向电流很小（暗电流）。当有光照射到二极管的 PN 结时，PN 结附近产生电子-空穴对，并在外电场和内电场的共同作用下，漂移越过 PN 结，产生光电流。此时，光电流与光照度成正比，光敏二极管处于导通状态。

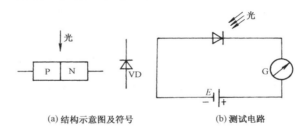

(a) 结构示意图及符号　　　　　　　　(b) 测试电路

图 5-5　光敏二极管结构与符号

### 5．光敏三极管

光敏三极管的结构、电路符号和开关电路如图 5-6 所示。

光敏三极管由三层半导体组成，形成两个 PN 结。它与普通三极管不同，通常只有两根电极引线，如图 5-6（a）所示。当光线通过透明窗口照在集电结上时，会使集电结反偏、发射结正偏。此时在集电结附近产生电子-空穴对。电子受集电结电场吸引流向集电区，基区留下空穴。由于空穴带正电，则基区电位升高，使电子从发射区流向基区。又由于基区很薄，只有一小部分从发射区来的电子与基区的空穴结合，大部分电子越过基区流向集电区，这一过程与普遍三极管放大基极电流的作用很相似。所以，光敏三极管放大了光电流，它的灵敏度比光敏二极管高出许多。

光敏三极管电路符号如图 5-6（b）所示。

利用光敏三极管可以实现简单的光电开关，电路图如 5-6（c）所示。图中两个光电开关在有光照和无光照的条件下，实现的开关状态截然相反。

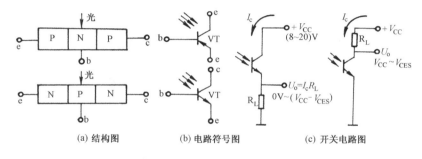

(a) 结构图　　　　(b) 电路符号图　　　　(c) 开关电路图

图 5-6　光敏三极管结构、电路符号和开关电路图

#### 6. 光电池

光电池是一种自发电式的光电元件，为有源器件。当光电池受到光照时，会产生一定方向的电动势，在测量时，无需外接电源。

光电池的种类很多，有硒、氧化亚铜、硫化铊、硫化镉、锗、硅、砷化镓等。其中硅光电池具有性能稳定、光谱范围宽、频率特性好等优点，是应用最多的一种。

硅光电池是在一块 N 型硅片上用扩散的方法掺入一薄层 P 型杂质，从而形成一个大面积的 PN 结。P 型区的多子是空穴，而 N 型区的多子是电子。当 P 型区与 N 型区接合时，双方的多子分别向各自浓度低的一方自由扩散，使空穴和电子分别集结在 PN 结的 N 型和 P 型一边，在 PN 结的附近形成一个电场，该电场阻止空穴、电子的进一步扩散。当入射光照在 P 型层上，由于 P 型层薄，入射光能穿透而到 PN 结上，在 PN 结附近激发出电子空穴对，电子空穴对的浓度由表及里逐渐下降。在 PN 结内电场的作用下，扩散到 PN 结附近的电子空穴对分离，电子被拉到 N 型区，空穴留在 P 型区，至使 N 区带负电，P 区带正电，两者之间形成电位差。若光照连续，PN 结两侧就有一个稳定的电动势输出。图 5-7 所示为光电池的结构和图形符号。

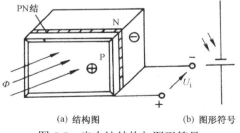

(a) 结构图　　　　(b) 图形符号

图 5-7　光电池结构与图形符号

## 5.2　光电传感器的应用

光电传感器可以用于很多领域。被测量作用在光电元件上被转换成电信号，电信号分为两类：第 1 类是连续变化的电信号；第 2 类是断续变化的电信号。因此，光电传感器也分成两类。

第 1 类光电传感器：将被测量转换成连续变化的电信号的这类传感器，依据被测物、光源和光电元件三者的关系，其结构分为以下四种类型。

（1）被测物作为光源，光电元件的输出反映被测物的某些特性参数。如光电比色高温计，被测物的温度（高温）反映在它向外辐射的光的波长不同。

（2）恒光源发出的光照到被测物，被测物反射光的能力由被测量决定，如光电式粗糙度计和白度计等。

（3）恒光源发出的光照到被测物，被测物透射光的能力由被测量决定，如光电式浊度计。

（4）恒光源发出的光在照到光电元件的过程中，遇到被测物被遮蔽了一部分，被测物的某些物理量改变遮蔽的能力，如测量工件尺寸等。

在图 5-8 中，分别示出这四种类型的光电传感器结构，反映了上述几种情况。

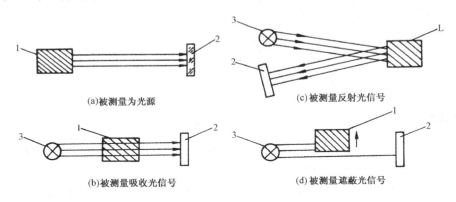

图 5-8　光电传感器的结构

1—被测元件；2—光电元件；3—恒光源

第 2 类光电传感器：把被测量转换成断续变化的光信号，系统输出为开关量的电信号。这种类型传感器中，最典型的是光电转速表。

下面介绍几种光电传感器应用实例。

### 5.2.1　光电式转速表

光电式转速传感器的结构原理如图 5-9 所示。这种传感器的输入轴与待测轴相连接，光通过开孔盘和缝隙板照射到光电元件上。开孔盘上有很多个小孔（如 20,30,60…），开孔盘每转一周，光电元件接受光的次数等于盘上的开孔数。如开孔数为 60，记录过程的时间为 $t$ 秒，总脉冲数为 $N$，则转速 $n = \dfrac{N}{60\,t} \times 60 = \dfrac{N}{t}$ （r/min）。这样，光电式转速传感器就把旋转轴的转速变成相应频率的脉冲，用测量电路测出脉冲频率，由频率值就可得出所测的转速值。光电脉冲变换电路原理图如图 5-10 所示。图中 $VT_1$ 是光敏三极管，有光照时，光电流增加使 $VT_2$ 导通，$VT_3$ 和 $VT_4$ 组成射极耦合触发器，$VT_2$ 的导通使 $U_o$ 输出为高电平；反之，$U_o$ 为低电平。$U_o$ 被送到测量电路进行计数。

测量电路由计数器、寄存器、分频器、晶振等通用电路和控制电路组成。控制电路由控制双稳、闭锁双稳、显示单稳、复位控制电路和寄存控制电路组成。数字式转速表原理方框图如图 5-11 所示。在起始状态，控制双稳和闭锁双稳都处于左管截止、右管导通的状态，即 $Q_1$ 与 $Q_2$ 都为低电平，此时，计数器关闭。在 $t_1$ 时刻，秒脉冲输入控制双稳，控制双稳被触发翻转，$Q_1$ 变成高电位，此时计数门打开，输入脉冲经计数门进入计数器被计数。在 $t_2$ 时刻，秒脉冲信号控制双稳再翻转，$Q_1$ 又回到低电位。它有以下作用：

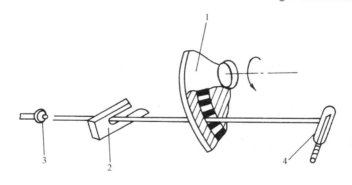

图 5-9　光电式转速传感器结构原理图

1—开孔盘；2—缝隙板；3—光敏元件；4—光源

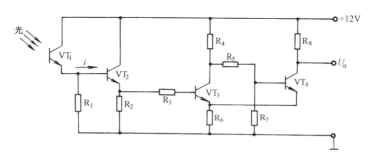

图 5-10　光电脉冲变换电路原理图

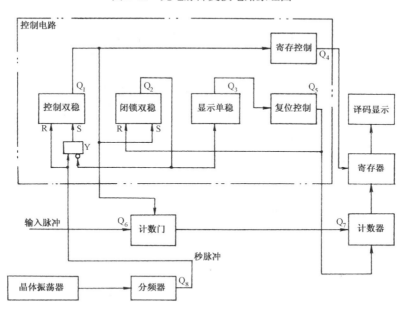

图 5-11　数字式转速表原理方框图

（1）关闭计数门，计数器停止计数；

（2）闭锁双稳触发翻转，$Q_2$ 为高电位，使与门关闭，以后的秒脉冲不能触发控制双稳；

（3）寄存控制电路 $Q_4$ 产生一个高电平，打开寄存器，将计数器结果送入寄存器，并通过译码输出测量结果；

（4）$Q_3$ 触发显示单稳，使 $Q_3$ 输出高电平，延时一段时间至 $t_3$ 时刻，$Q_3$ 从高电位又重新回到低电位，触发复位控制电路输出一个高电位，使计数器复位，同时，使闭锁双稳复位，$Q_2$ 又变成低电位，与门打开，等待下一次测量。

### 5.2.2　光电式边缘位置检测传感器

边缘位置检测原理和电路图如图 5-12 所示，用来检测带材在加工过程中是否偏离标准位置。图 5-12（a）中，光源 1 发出的光线 2 汇聚为平行光束，投向透镜 3，中途会被带材 5 遮挡一部分，剩下的光线经透镜 3 汇聚照在光敏电阻 4 上，它就是图 5-12（b）中的 $R_1$。$R_1,R_2$ 型号相同，$R_2$ 用遮光罩罩住，$R_2$ 的电阻值与带材不偏时的 $R_1$ 相等。这两个光敏电阻与平衡电阻 $R_3,R_4$ 组成电桥，当被测带材没有偏离标准位置时，因为 $R_1=R_2$，$R_3=R_4$，所以 A,B 两点电位相等，电桥平衡输出电压为零。若带材左（右）偏，带材遮挡光线部分减少（增多），光敏电阻阻值变小（变大），A 点电位升高（降低），B 点电位不变，经差动放大电路输出电压为负（正）。输出电压极性反映了带材偏离的方向，输出电压的大小反映了带材偏离标准位置的距离大小。

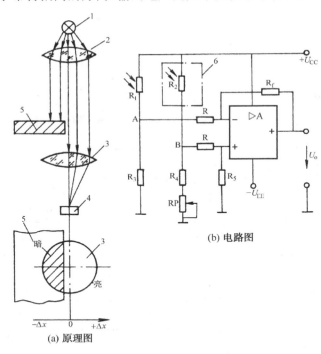

图 5-12　边缘位置检测原理和电路图

### 5.2.3　光电断续器

光电断续器是用来检测物体靠近、通过等状态的光电传感器。它的检测距离只有几毫米至几十毫米，广泛应用于自动控制系统、生产线、办公设备和家用电器中。光电断续器目前已经集成化和系统化，它的工作原理如图 5-13 所示。

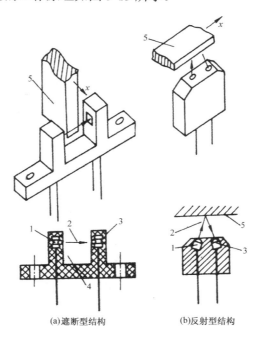

(a)遮断型结构　　　(b)反射型结构

图 5-13　光电断续器工作原理图

1—发光二极管；2—光线（通常是红外光）

3—光敏元件；4—槽；5—被测物

光电断续器在发光侧使用发光二极管，在受光侧使用光电二极管，并将信号处理电路（放大、稳压、触发器等）集成制作在一块芯片上。它的特点是体积小，可靠性高，接口电路的复杂程度大幅度减少，可直接与 TTL，LSTTL 和 CMOS 电路芯片连接，工作电源电压范围宽（$V_{CC}$=4.5V～16V）。

光电断续器有单输出型 $GP_1A_{01}$ 和双输出型 $GP_1A_{06}$，这两种产品性能列于表 5-1 中。

表 5-1　$GP_1A_{01}$ 和 $GP_1A_{06}$ 型产品性能

| 项　目 | 符　号 | $GP_1A_{01}$ | | $GP_1A_{06}$ | |
|---|---|---|---|---|---|
| | | 产品 | 条件 | 产品 | 条件 |
| 高→低阈值输入电流 | $I_{FHL}$ | — | — | max,20mA | $V_{CC}$=5V |
| 低→高阈值输入电流 | $I_{FLH}$ | max,8mA | $V_{CC}$=5V | min,0.3mA | $R_L$=280Ω |
| 滞后 | — | TYP,0.9 | $V_{CC}$=5V | — | — |
| 输入正电压 | $U_F$ | max,1.4V | $I_F$=8mA | max,1.4V | $T_a$=25℃<br>$I_F$=20mA |
| 低电平输出电压 | $U_{OL}$ | max,0.4V | $V_{CC}$=5V<br>$I_{OL}$=16mA | max,0.4V | $V_{CC}$=5V<br>$I_{OL}$=16mA<br>$I_F$=20mA |

| 项 目 | 符 号 | GP₁A₀₁ | | GP₁A₀₆ | |
|---|---|---|---|---|---|
| | | 产品 | 条件 | 产品 | 条件 |
| 高电平输出电流 | $I_{OH}$ | — | — | max,0.4V | $V_{CC}=16V$ $U_o=20V$ |
| 高电平输出电压 | $U_{OH}$ | min,3.5V | $V_{CC}=5V$ $I_F=8mA$ | — | — |
| 高→低传输时间 | $t_{PHL}$ | max,15μs | $T_a=25℃$ $V_{CC}=5V$ | max,5μs | $T_a=25℃$ $V_{CC}=5V$ |
| 低→高传输时间 | $t_{PLH}$ | max,9μs | $I_F=8mA$ $R_L=280Ω$ | max,10μs | $I_F=20mA$ $R_L=280Ω$ |

GP₁A₀₁ 在磁带录像机、打印机、软盘等器材中用做时标检测控制，GP₁A₀₆ 可用于音响设备的磁带计数、电子钟检测转数和转动方向。图 5-14 为 GP₁A₀₆ 的原理图，用于检测转数和转动方向，测量电路如图 5-15 所示。

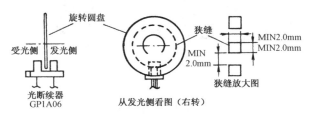

图 5-14　GP₁A₀₆ 原理图

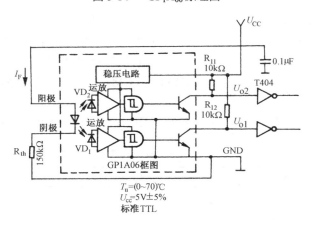

图 5-15　GP₁A₀₆ 测量电路

被测旋转圆盘置于光电断续器的发光与受光侧之间，圆盘上有许多狭缝，圆盘旋转，光源发出的光间隔地被狭缝遮挡，受光侧得到断续的强光和弱光信号。若没有旋转圆盘旋转，光路检测的光束没有被遮挡，测量电路中，$U_{o1}$, $U_{o2}$ 的输出电压波形是相同的，相位也是相同的。若圆盘旋转，GP₁A₀₆ 的输出电压波形如图 5-16 所示，圆盘转动方向若向左，$U_{o2}$ 输出电压相位落后于 $U_{o1}$；反之，圆盘向右旋转，$U_{o2}$ 输出电压相位超前于 $U_{o1}$。因此，两个输出电压的相位关系决定旋转方向，圆盘的转速可以通过 $U_{o2}$ 输出脉冲个数得到。

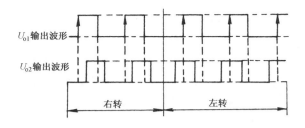

图 5-16　$GP_1A_{06}$ 输出电压波形图

光电断续器应用实例如图 5-17 所示。其中图（a）用于防盗门的位置检测；图（b）是印刷设备中的印件送至检测；图（c）是线料连续检测；图（d）是标签检测；图（e）是物体接近检测。

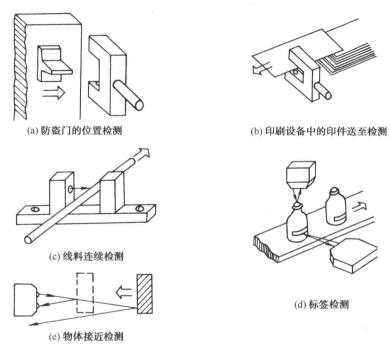

(a) 防盗门的位置检测

(b) 印刷设备中的印件送至检测

(c) 线料连续检测

(d) 标签检测

(e) 物体接近检测

图 5-17　光电断续器应用实例

## 5.2.4　光电耦合器

光电耦合器是由一发光元件和一光电元件同时封装在一个外壳内组合成的转换元件。

### 1．光电耦合器的结构

光电耦合器有两种结构，如图 5-18 所示。图（a）是金属密封型，它采用金属外壳和玻璃绝缘，其中心装片用环焊保证发光管和光敏管对准，以提高灵敏度；图（b）是塑料封装结构，管芯先装于管角上，中间用透明树脂固定，具有聚光作用，这种结构灵敏度较高。

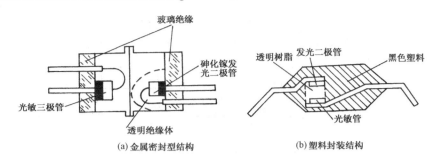

图 5-18　光电耦合器的结构

光电耦合器的发光元件常用砷化镓发光二极管。当 PN 结加正向电压，引起载流子的相遇、复合而释放出能量，这种能量是以发光的形式表现出来的。

常用的光电耦合器有以下四种组合方式，如图 5-19 所示。图（a）的结构简单、成本低，常用于 50kHz 以下的工作装置内。图（b）是高速光电耦合器，用于较高频率装置内。图（c）采用三极管构成高传输效率的光电耦合器，用于较低频率装置中。图（d）是具有高速高效率的光电耦合器，它是用固定功能器件构成的。

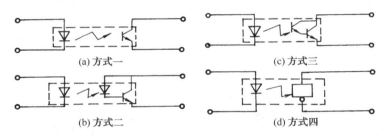

图 5-19　光电耦合器组合方式

随着半导体器件的发展，目前已有将光敏元件和发光元件做在同一半导体基片上的集成光电耦合器。无论哪种结构，为保证灵敏度，发光元件与光电元件在波长上，都要达到最佳匹配。

**2．光电耦合器的应用**

光电耦合器输入直流电流，输出也是直流电流，在输入与输出之间没有构成通路，而是靠一种电量转换，将输出回路与输入回路隔离，因此避免了输入回路的干扰进入输出回路。

目前，工业控制中常使用的可编程序控制器使用了光电耦合器作为输入部件，大大提高了抗干扰能力。此外，光电耦合器用于数字逻辑电路的开关信号传输和计算机中二进制的输入、输出信号传输；还可用在逻辑信号驱动电路中，以防止感性负载尖噪声的反馈元件等。

 **思考题**

5.1　以光电管为例，解释光电效应的本质。

5.2　光电传感器在原理上可以分为哪几类？举例说明。

5.3　图 5-20 是一个以光敏二极管 $VD_1$、反向器 CD40106、三极管 $VT_1$ 组成的光电开关电路图，分析电路的工作原理，说明 RP 和 $VD_2$ 的作用。

5.4　试设计一个光电传感器，测量直线运动物体的速度，画出结构原理图，并说明工作原理。

5.5　试用光电传感器，利用光线的反射作用，设计一个转速测量传感器，并画出测量原理框图。

5.6　图 5-21 是光电式浊度计原理图，图中 1,2 组成恒光源，通过半反半透镜 3，得到两束光强相同的光束；4 是反光镜；5 是被测水样；8 是标准水样；6,9 是光电元件；7,10 是 I/V 转换电路；11 是运算器；12 是显示器。试分析其测量原理。

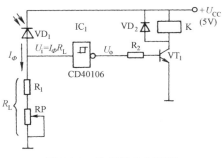

图 5-20　光电开关电路图

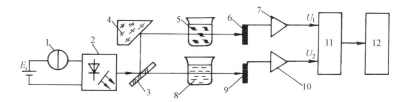

图 5-21　光电式浊度计原理图

# 第 6 章

# 霍尔传感器

## 6.1 霍尔效应及霍尔元件

霍尔传感器的基本转换原理是将被测量所引起的磁场变化转换成为霍尔电势的输出。早在 1879 年，有人在金属中发现了霍尔效应，但未被人们重视。随着科技的进步和半导体技术的发展，人们发现霍尔效应在半导体材料中非常显著，如砷化镓、砷化铟、硅、锗等，它们被广泛应用于弱电流、弱磁场及微小位移的测量。

### 6.1.1 霍尔效应

在半导体薄片相对的两个侧面通上控制电流 $I$，在和此侧面相互垂直的方向加上磁场 $B$，则在半导体另外的两个侧面会产生一个大小与控制电流 $I$ 和磁场 $B$ 乘积成正比的电动势 $E_{\rm H}$，这个电势就是霍尔电势。霍尔元件具有的这种现象叫做霍尔效应，所用的半导体元件叫做霍尔元件。霍尔元件及霍尔电势的产生如图 6-1 所示。

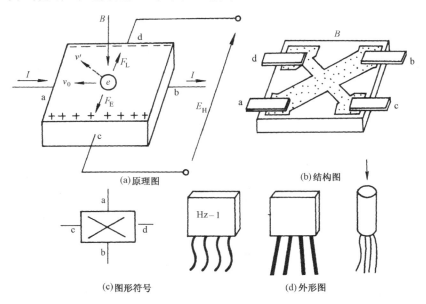

(a) 原理图    (b) 结构图

(c) 图形符号    (d) 外形图

图 6-1　霍尔元件及霍尔电势的产生

在图 6-1 （a）中，假设霍尔元件为 N 型半导体元件（载流子为电子），当沿着 a，b 通入控制电流 $I$ 时，电子首先沿着与 $I$ 相反的方向产生一个初速度 $v_0$。同时，由于霍尔元件处于磁场中，会受到洛伦兹力 $F_L$ 的作用，电子向一侧偏转并形成电子堆积，从而在霍尔元件的 c，d 方向产生电场，随后，电子又会在该电场中受电场力 $F_E$ 的作用，这两种力方向相反。当两力大小相等时，电子的堆积便达到动态平衡，这样，就在半导体 c，d 方向的端面之间形成了稳定的电动势 $E_H$，即霍尔电势。

设半导体霍尔元件的厚度为 $\delta$，电子浓度为 $n$，电子电荷量为 $e$，则霍尔电势 $E_H$ 可以用下式表示

$$E_H = K_H B I$$

式中，$K_H = \dfrac{1}{ne\delta}$ 称为霍尔电势灵敏系数。若磁感应强度 $B$ 不垂直于霍尔元件，而是与其法线成一角度 $\theta$ 时，霍尔电势为

$$E_H = K_H B I \cos\theta$$

如果图中选用的霍尔元件是 P 型而不是 N 型半导体材料，则参加导电的载流子是空穴，则式中 $K_H = \dfrac{1}{pe\delta}$，$p$ 为空穴浓度。

## 6.1.2 霍尔元件及特性

霍尔元件是一种半导体四端薄片，一般呈正方形。在薄片的相对两侧对称的焊接两对电极引出线，如图 6-1 （b）所示，其中 a，b 端为激励电流端，另外一对 c，d 端称为霍尔电势输出端，c,d 端一般处于侧面的中点。近年来，已采用外延离心注入工艺或采用溅射工艺制造出尺寸小、性能好的薄膜型霍尔元件，如图 6-1 （d）所示。它由衬底、薄膜、引线（电极）及外壳组成，壳体采用塑料、环氧树脂、陶瓷等材料封装，其灵敏度、稳定性、对称性等均比老工艺优越得多。

目前霍尔元件已经得到越来越多的应用，应用最多的是 GaAs 和 InSb。利用蒸发 InSb 制作的霍尔元件，其 $E_H$ 大，但工作温度范围狭窄，$E_H$ 的温度特性差，磁场的线性度范围狭窄，因而应用范围受到限制。GaAs 的 $E_H$ 虽小，但热稳定性好，已逐渐成为主流产品。

霍尔元件常用到以下几个特性参数。

### 1. 内阻

霍尔元件的内阻包括输入电阻和输出电阻。其中霍尔元件两激励电流端的电阻称为输入电阻 $R_i$，它的阻值从几欧姆到几百欧姆不等。若温度变化，则引起输入电阻变化，从而使输入电流发生改变，最终导致霍尔电势变化。为了避免这种影响，通常采用恒流源提供激励电流。霍尔元件两个输出端的电阻称为输出电阻 $R_o$，通常与 $R_i$ 同一数量级，它也会随环境温度的变化而变化。适当选择负载电阻 $R_{fz}$ 与之匹配，可以减小霍尔电势的温度漂移。霍尔元件内阻原理图如图 6-2 所示。设温度升高，内阻增加，导致负载电阻上得到的输出电压下降，同时，如果选用的霍尔元件霍尔电势也随温度上升而增加，适当选择负载电阻，可以补偿输出电压的下降。假设，霍尔电势温度系数为 $\alpha$，内阻温度系数为 $\beta$，输出电压为

$$U_o=E_{H0}(1+\alpha t)R_{fz}/[R_0(1+\beta t)+R_{fz}]$$

式中，$E_{H0}$，$R_0$ 分别是霍尔电势、内阻在温度为 0 时的值；$t$ 是环境温度。若想 $U_{fz}$ 不随温度变化，即要求 $dU_{fz}/dt=0$，因此对输出电压求导，得：$R_{fz}/R_0=\beta /\alpha$。根据此式，可以选择 $R_{fz}$，消除不等电势的影响。

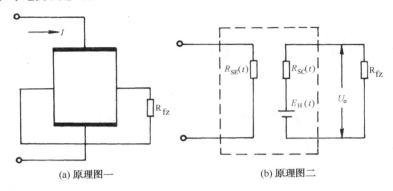

(a) 原理图一    (b) 原理图二

图 6-2 霍尔元件内阻原理图

### 2．最大激励电流 $I_M$

由霍尔效应可知，$E_H=K_HIB$，若激励电流大，霍尔电势的输出就大。但随着激励电流的增加，霍尔元件的功耗也随之增大，元件的温度升高，将引起霍尔电势的温漂。因而对霍尔元件要规定最大激励电流，通常 $I_M$ 为几毫安至几十毫安。

### 3．最大磁感应强度 $B_M$

由霍尔效应可知，磁感应强度的增加将使霍尔电势输出增加。但磁感应强度若超过一定的界限，霍尔电势的非线性明显增加，故规定了 $B_M$ 来抑制非线性。通常 $B_M$ 小于零点几特斯拉。

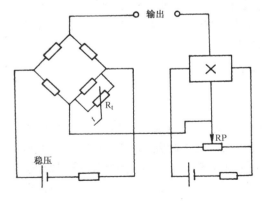

图 6-3 电桥法对霍尔电势补偿电路

### 4．不等位电势

在霍尔元件通入额定电流 $I_e$ 时，若外加磁场为零，由于霍尔元件的四个电极引脚几何尺寸不对称，霍尔电势通常不为零，这个电势称为不等位电势。通常可以用电桥法补偿不等位电势带来的测量误差。电桥法对霍尔电势补偿电路如图 6-3 所示，在霍尔元件输出端串入温度补偿电桥，利用热敏电阻 $R_t$ 随温度的变化，导致电桥输出电压的变化，这个电压与霍尔电势输出相加，作为传感器的输出。

## 6.2 霍尔集成电路

随着电子技术的发展，霍尔元件及其激励电流源、放大电路多已集成于一个芯片上，做成霍尔集成电路。霍尔集成电路有很多优点，如体积小，灵敏度高，温漂小，稳定性高等。

霍尔集成电路有线性型和开关型两大类。

图 6-4 是典型的线性型霍尔集成电路。其中，图 6-4（a）是集成电路芯片的外形与尺寸。图 6-4（b）是集成电路内部元件，它主要由霍尔元件、恒流源、放大电路组成，由恒流源提供稳定的激励电流，霍尔电势输出接入放大电路，输出电压较高，使用方便，应用广泛。图 6-4（c）是这种集成电路的输出特性，集成电路的输出电压与霍尔元件感受的磁场变化近似呈线性关系，它主要用于对被测量进行线性测量的场合，如角位移、压力、电流等的测量。

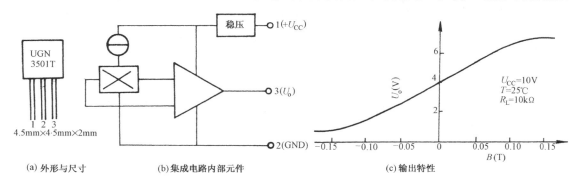

(a) 外形与尺寸　　(b) 集成电路内部元件　　(c) 输出特性

图 6-4　线性型霍尔集成电路

图 6-5 是典型的开关型霍尔集成电路。其中，图 6-5（a）是集成电路外形与尺寸。图 6-5（b）是集成电路内部元件，主要由霍尔元件、稳压电路、放大电路、施密特触发器、OC 门电路组成。当外加磁场强度超过规定值，OC 门由高阻态变为导通状态，输出为低电平；若外加磁场低于释放值，OC 门重新变为高阻态，输出高电平。图 6-5（c）是它的输出特性，这种集成电路主要用于对开关测量的场合，如转速、接近开关等。

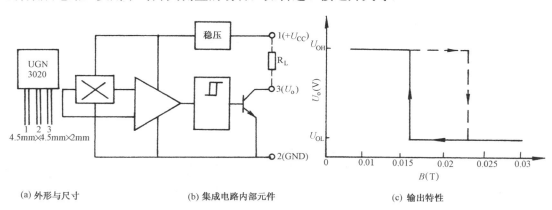

(a) 外形与尺寸　　(b) 集成电路内部元件　　(c) 输出特性

图 6-5　开关型霍尔集成电路

## 6.3 霍尔传感器的应用

从霍尔电势输出表达式可知，$E_H$ 是 $I,B,\theta$ 三个变量的函数。因此，只要被测量能使其中任意一个量发生变化，就能用霍尔传感器测量。

### 6.3.1 霍尔转速传感器

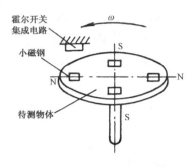

图 6-6 霍尔转速传感器的结构原理图

霍尔转速传感器的结构原理如图 6-6 所示。它是利用开关型霍尔集成电路测量转速，在被测物体上粘贴一对或数对小磁钢（小磁钢越多，分辨率越高），霍尔开关型集成电路安装在小磁钢附近。待测物以角速度 $\omega$ 旋转时，每一个小磁钢通过霍尔集成电路时，便产生一个相应的脉冲，检测出单位时间内的脉冲数即可确定待测物的转速。

图 6-7 是数字式转速传感器的原理框图。晶体振荡器产生频率为 $f_c$ 的稳定信号，经过放大、整形后变换成理想的矩形脉冲信号。若经过分频器所得标准信号的频率 $f_0$ 与要求的时间 $t$ 相对应（$t=1/f_0$），则可以直接驱动控制电路，产生相应的计数、显示、清零和"门"电路的开关控制信号，实现对霍尔集成电路输出的 $f_x$ 的测量和显示。

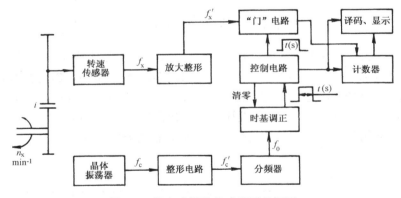

图 6-7 数字式转速传感器原理框图

### 6.3.2 霍尔式接近开关

在一定距离内检测物体的有无，这种传感器称为接近开关。接近开关的种类很多，如使用光电传感器、超声波传感器等均可作为接近开关，它们的测量距离可达几米至几十米，而霍尔式接近开关一般测量距离的范围在几毫米至几十毫米。接近开关也可以用做测速。接近开关属于非接触式测量，响应快，易与计算机或 PLC 相连接，而且接近开关的体积小，安装调整方便。图 6-8 是霍尔式接近开关的工作原理示意图。

图 6-8（a）为轴向接近式结构，磁极与霍尔元件在同一轴线上，当磁铁随运动物体移到距离霍尔元件几毫米时，霍尔器件输出由高电平变为低电平，经驱动电路使继电器吸合或释放。图 6-8（b）为穿孔式结构，磁铁随运动物体沿 x 方向移动，霍尔元件从两块磁铁间滑过，当磁铁与霍尔元件的间距小于某一数值时，霍尔元件输出由高电平变为低电平。与图 6-8（a）不同的是，若运动物体继续向前移动滑过头，霍尔元件的输出又将恢复高电平。图 6-8（c）为分流翼片式结构，软铁制作的分流翼片与运动部件联动，当它移动到磁铁与霍尔元件之间时，磁力线被分流，遮挡了磁场对霍尔元件的激励，霍尔元件输出高电平。

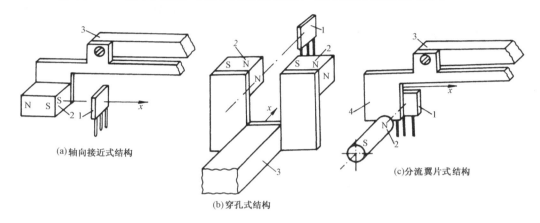

(a)轴向接近式结构　　(b)穿孔式结构　　(c)分流翼片式结构

图 6-8　霍尔式接近开关的工作原理示意图

1—霍尔元件；2—磁铁；3—运动部件；4—软铁

图 6-9 给出了霍尔元件接近开关电路，这种电路用磁场强度为 $5\times10^{-2}$ T 的蹄形磁钢作为运动磁场，测试距离可达 50mm。在电路中利用稳压管和 $VT_1$ 给霍尔元件提供一个恒定的激励电流。图中 $VT_1$, $VT_2$, $VT_3$, $VT_4$ 组成差动放大电路，$VT_5$, $VT_6$ 组成一个射极耦合触发器。若运动磁场接近到霍尔元件一定距离，差动放大电路产生输出电压，触发图中的触发器，$VT_6$ 导通，继电器 J 吸合，触点动作。若无需直接驱动继电器，而是输出脉冲电压，则可去掉 VD,C,J 而接入 $1k\Omega$ 电阻，$R_{11}$ 上可并联 100pF 电容，则 $VT_6$ 集电极就能输出边沿很陡的脉冲。

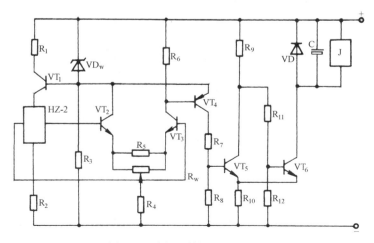

图 6-9　霍尔元件接近开关电路

### 6.3.3　霍尔传感器的其他应用

#### 1. 角位移测量仪

角位移测量仪原理图如图 6-10 所示，霍尔器件与被测物联动，由于霍尔器件被置于一个恒定的磁场中，霍尔元件就产生一个与被测角位移相同的转角，因而霍尔电势 $E_H$ 反映了转角 $\theta$ 的变化。不过，这个变化是非线性的（$E_H$ 正比于 $\cos\theta$）。若要使 $E_H$ 与 $\theta$ 成线性关系，必须采用特定形状的磁极，如图中的磁极形式。

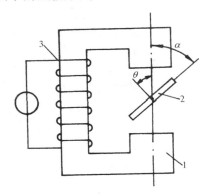

图 6-10　角位移测量仪原理图

1—磁级；2—霍尔元件；3—激磁线圈

#### 2. 霍尔式微压力传感器

图 6-11 是霍尔式微压力传感器原理图，当被测压力 $p$ 使弹性波纹膜盒膨胀，带动杠杆向上移动，从而使霍尔器件在磁路系统中运动，改变了霍尔器件感受的磁场大小及方向，引起霍尔电势的大小和极性的改变。由于波纹膜盒及霍尔元件的灵敏度很高，所以可用于测量压力的微小变化。这种传感器可以使用线性型霍尔集成电路。

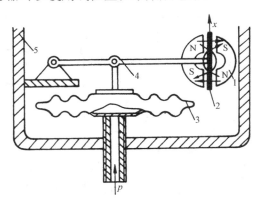

图 6-11　霍尔式微压力传感器原理

1—磁路；2—霍尔元件；3—膜核；4—杠杆；5—外壳

### 3. 霍尔式汽车无触点点火装置

传统的汽车汽缸点火装置使用机械式的分电器，存在着点火时间不准确，触点易磨损等缺点。利用霍尔开关无触点晶体管点火装置，可以克服上述缺点，提高燃烧效率。汽车四汽缸点火装置示意图如图 6-12 所示。图中的磁轮鼓代替了传统的凸轮及白金触点。发动机主轴带动磁轮鼓转动时，霍尔器件感受到的磁场极性交替改变，输出一连串与汽缸活塞运动同步的脉冲信号去触发晶体管功率开关，点火线圈二次侧产生很高的感应电压，火花塞产生火花放电，完成汽缸点火过程。

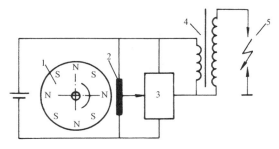

图 6-12　汽车四汽缸点火装置示意图

1—磁轮鼓；2—开关型霍尔集成电路；3—功率开关；

4—点火线圈；5—火花塞

 **思考题**

6.1　如图 6-13 是霍尔式无刷电动机结构原理图，它取消了传统直流电机使用的换向器和电刷。试分析它的工作原理，说明应该使用哪种类型霍尔集成电路。

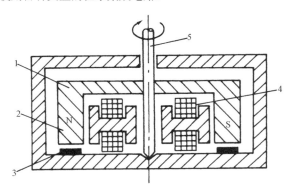

图 6-13　霍尔式无刷电动机结构原理图

1—转子；2—磁极；3—霍尔元件；4—定子；5—转轴

6.2　在图 6-5 中，UGN3020 在感受磁场强度变化时，正向特性与反向特性有一回差，这一回差是多少？这种特性在工作中有何应用价值？

6.3　试设计一个霍尔式电流传感器，画出结构原理图，并分析原理。

6.4　试设计一个密闭储液罐的液位控制器，要求当液位高于某一设定值时，泵停止转动。画出磁路系统原理图和控制系统简图。

6.5　图 6-14 是霍尔式加速度传感器，试分析它的工作原理。

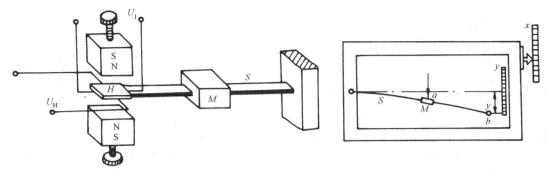

图 6-14　霍尔式加速度传感器

6.6　图 6-15 是霍尔式位移传感器，画出它的输出特性曲线。

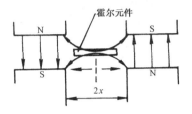

图 6-15　霍尔式位移传感器

# 第7章

# 超声波传感器

## 7.1 超声波及探头

### 7.1.1 超声波及波形

介质中的质点以弹性力互相联系。某质点在介质中振动，能激起周围质点的振动。质点振动的传播形成波。

声波是一种能在气体、液体、固体中传播的弹性波。根据声波频率的范围，声波可以分为次声波、声波和超声波。声波的频率界限如图 7-1 所示。

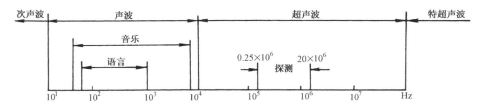

图 7-1　声波的频率界线

人耳所能听到的声波频率在（20～20 000）Hz 之间。频率超过 20 000Hz 的声波称为超声波。声波的频率越高，与光波的某些特性越相似。超声波波长、频率与速度的关系为

$$\lambda = \frac{c}{f}$$

式中，$\lambda$ 为波长；$c$ 为速度；$f$ 为频率。

超声波的传播方式主要分为纵波、横波、表面波三种。质点的振动方向与传播方向一致的超声波称为纵波，它能在固体、液体和气体中传播。质点的振动方向与传播方向垂直的超声波称为横波，它能在固体中传播。质点的振动介于纵波和横波之间，沿着固体表面传播，振幅随深度增加而迅速衰减的超声波称为表面波。

超声波的特征是频率高，波长短，绕射现象小。它最明显的特征是方向性好，且在液体、固体中衰减很小，穿透本领大，碰到介质分界面会产生显著的反射和折射，因而广泛应用于工业检测中。

**1．超声波的应用特性**

（1）反射和折射定律。超声波从一种介质传播到另一种介质时，在两介质的分界面上一部分能量反射回原介质，另一部分则透过分界面在另一种介质内继续传播。波的反射与折射示意图如图 7-2 所示。其中，$\alpha$ 是入射角，$\alpha'$ 是反射角，$\beta$ 是折射角，$c_1$ 是超声波在第一介质中的波速，$c_2$ 是超声波在第二介质中的波速，$c$ 是入射波波速。

入射角、反射角和折射角之间的关系为

$$\frac{\sin\alpha}{\sin\alpha'} = \frac{c}{c_1} \qquad \frac{\sin\alpha}{\sin\beta} = \frac{c}{c_2}$$

（2）衰减定律。超声波在介质中传播时，会随介质厚度的变化产生不同程度的衰减。波的透射原理图如图 7-3 所示。当超声波探头发出的超声波以 $I_e$ 强度入射到某一厚度为 $\delta$ 的介质，超声波出射的强度为 $I$。超声波出射强度与入射强度的关系，可以用下式表示

$$I = I_e - A\delta$$

式中，$I_e$ 为入射波的强度；$I$ 为出射波的强度；$A$ 为衰减系数它随介质不同而改变；$\delta$ 为介质厚度。

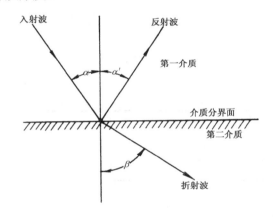

图 7-2  波的反射与折射示意图

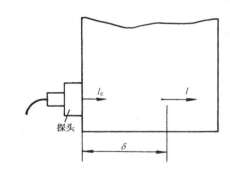

图 7-3  波的透射原理图

## 7.1.2  超声波探头

超声波探头又称超声波换能器，它主要由压电晶片组成，实现超声波的发射和接收。这种探头的物理基础就是压电元件的压电和逆压电效应。将超音频脉冲电压加在超声波发射探头上时，利用逆压电效应，向介质发射超声波。当有超声波作用在接收探头上时，利用压电效应，将接收到的超声波信号转换成电信号再做处理。有时超声波的发射和接收用一个探头来完成。

超声波探头有直探头、斜探头和双用探头等结构类型。直探头用于固体介质的测量，一般在探头内部有保护膜，防止压电元件磨损，还有阻尼块（也称吸收块），用于吸收压电元件背面的超声脉冲，防止产生杂乱的反射波。斜探头用于将超声波倾斜射入介质，通常适用于表面波的测量。双用探头是两个直探头的组合，既可以发射超声波，也可以接收超声波。超声波探头结构示意图如图 7-4 所示。超声波探头与被测物体相接触时，为避免在空气层产生

强烈反射和衰减，并且考虑到对探头的保护，常在两者之间涂一层耦合剂。常用的耦合剂有水、甘油、化学浆糊等。耦合剂应尽量薄一些，以减少耦合损耗。

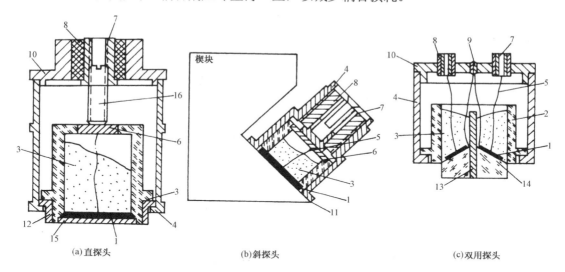

图 7-4 超声波探头结构示意图

1—压电片；2—镜片座；3—吸收块；4—金属外壳；5—导线；6—接线片；7—接线座；8—绝缘座；
9—接地点；10—盖；11—铜箔；12—接地铜环；13—隔声层；14—延迟块；15—保护膜；16—螺杆

下面介绍几种常用的超声波探头电路。

### 1. 发射探头电路

（1）晶体管振荡电路：如图 7-5 所示，MA40A3S 是压电元件构成的探头。电路中，$VT_2$基极加以幅值为 5V 的方波信号，当输入为高电平时，$VT_2$导通，$VT_1$的发射极电位近似为 0，$VT_1$起振。输入为低电平时，$VT_2$截止，$VT_1$的发射极电位较高，$VT_1$停振。若将 $VT_2$的集电极接地，电路不产生振荡。

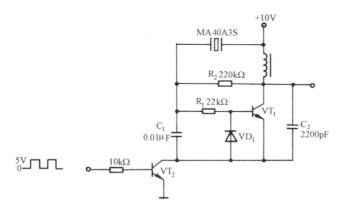

图 7-5 晶体管振荡电路

（2）集成振荡电路：如图 7-6 所示，该电路使用 555 定时器芯片组成他激振荡电路。其原理与上述电路相同，但比上述电路容易起振。

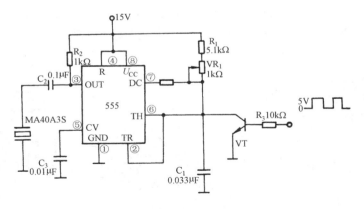

图 7-6　集成振荡电路

（3）门控超声波发射电路：如图 7-7 所示，该电路使用非门 1,2 组成振荡电路，其余 4 个非门组成驱动电路，使压电元件发射超声波。

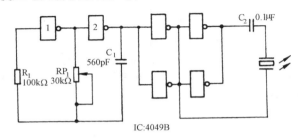

图 7-7　门控超声波发射电路

（4）简单脉冲驱动电路：图 7-8 是简单脉冲驱动电路。可控硅开关元件在正触发脉冲接通时，与阳极相连的 1000pF 电容被充电，电荷通过可控硅开关元件放电，导致与超声波传感器连接的输出端产生负高压脉冲波，从而驱动超声波传感器。输出电路中 500Ω的可变电阻器可以用于调整脉冲宽度。电感器 L 用于消除电缆杂散电容和传感器控制电容（超声波传感器的电抗一般为电容性电抗）的影响，起旁路作用。

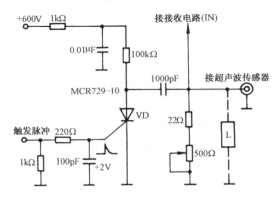

图 7-8　简单脉冲驱动电路

**2. 接收探头电路**

（1）运放接收电路：利用压电元件接收超声波，得到1mV～1V的电压信号。为便于使用和测量，接收电路要提供100倍以上的放大倍数，图7-9是具有这种功能的运放接收电路。

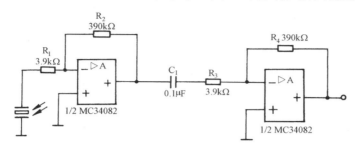

图7-9 运放接收电路

（2）使用比较器的接收电路：图7-10为使用比较器的接收电路，因为比较器无需相位补偿，所以这种电路适用于高速工作场合，该电路能产生5V的输出信号。

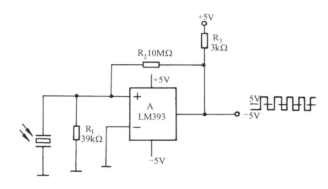

图7-10 使用比较器的接收电路

目前，市场上还有许多集成专用探头都有与自己配套使用的发射和接收电路。

## 7.2 应用举例

### 7.2.1 超声波探伤

超声波探伤是无损探伤技术中的一种重要检测手段，它主要用于检测板材、管材、锻件和焊缝等材料的缺陷（如裂纹、气孔、杂质等），并配合断裂学对材料使用寿命进行评价。超声波探伤检测灵敏度高，速度快，成本低，因此受到普遍的重视和应用。

超声波探伤的方法很多，依据波形的不同可以分为纵波探伤法、横波探伤法和表面波探伤法等。

### 1. 纵波探伤法

超声波探伤原理如图 7-11 所示。在测试之前，先将探头与探伤仪，如图 7-11（a）的连接插座相连接。探伤仪面板上有一个荧光屏，通过荧光屏可探知工件中是否存在缺陷、缺陷大小及位置。测试时，将探头放于被测工件上，并在工件上来回移动进行检测。探头发出的超声波，以一定速度向工件内部传播，如工件内没有缺陷，则超声波传送到工件底部便产生反射，在荧光屏上只出现初始脉冲 $T$ 和底脉冲 $B$，如图 7-11（b）所示。如工件中有缺陷，一部分超声脉冲在缺陷处发生反射，另一部分则继续传播到工件底面产生反射，在荧光屏上除出现初始脉冲 $T$ 和底脉冲 $B$ 之外，还出现缺陷脉冲 $F$，如图 7-11（c）所示。荧光屏上的水平亮线为扫描线（时间基线），其长度与工件厚度成正比（可调整）。通过缺陷脉冲在荧光屏上的位置可确定缺陷在工件中的位置，并可通过缺陷脉冲幅度的高低来判断缺陷当量的大小。如缺陷面积较大，则缺陷脉冲的幅度就高，通过移动探头还可确定缺陷的长度。

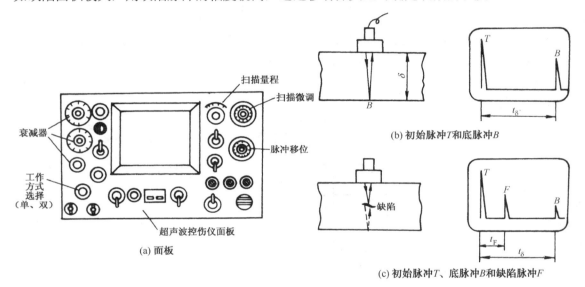

图 7-11  超声波探伤原理图

### 2. 横波探伤法

通常用斜探头进行横波探伤。超声波的一个显著特点是：超声波波束中心线与缺陷截面垂直时，探测灵敏度最高。但是如有斜向缺陷时，用直探头探测虽然可以探测出缺陷的存在，但并不能真实反映缺陷的大小。如用斜探头探测，则探伤效果较佳。因此在实际应用中，应根据不同缺陷的性质、取向，采用不同的探头进行探伤。某些缺陷的性质、取向事先不能确定，为了保证探伤质量，则应采用不同的探头进行多次测量。

### 3. 表面波探伤法

表面波探伤法主要用于检测工件表面附近的缺陷存在与否，当超声波的入射角 $\alpha$ 超过一定值以后，折射角 $\beta$ 可能达到 90°，此时固体表面受到超声波能量引起的交替变化的表面张力作用，质点在介质表面的平衡位置附近作椭圆轨迹振动，这种振动称为表面波。当工件表面存在缺陷时，表面波被反射回探头，可以在荧光屏上显示出来。

超声波探伤的检测对象绝大多数是钢铁构件。检测这些材料使用的频率应在（1～10）MHz，因此，接收电路应该使用高速放大电路。

### 7.2.2　超声波流量计

超声波流量计采用频率差法测量流体流量，其原理如图 7-12 所示。

图 7-12 中，$F_1,F_2$ 是完全相同的超声波探头，安装在管壁外面，通过电子开关的控制，作为超声波发射器和接收器交替使用。首先由 $F_1$ 发射出第一个脉冲，它通过管壁、流体和另一管壁被 $F_2$ 接收，此信号再次放大后触发 $F_1$ 的驱动电路，使 $F_1$ 发射第二个脉冲……在某一时间间隔 $t_1$ 内共发射 $n_1$ 个脉冲，脉冲的重复频率 $f_1 = n_1 / t_1$。接着，在另一时间间隔 $t_2$ 内（通常 $t_2 = t_1$），与上述过程相反，由 $F_2$ 发射超声波，而由 $F_1$ 接收。测

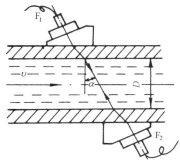

图 7-12　频率差法测量流体流量原理图

得 $F_2$ 的重复频率为 $f_2$，$f_1$ 与 $f_2$ 的频率差为 $\Delta f = f_1 - f_2 \approx \dfrac{R \cdot 2\alpha}{D} v$（$R$ 为管道直径），可见 $\Delta f$ 与被测流速 $v$ 成正比。图 7-13 为 F721-D521 系列流量计原理图。

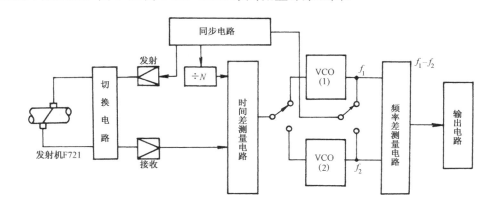

图 7-13　F721-D521 系列流量计原理图

F721-D521 系列流量计通过锁相环的方式，产生与超声脉冲传输时间的倒数成正比的频率，即同方向可变电压振荡器 VCO（1）的发射频率可分频为 $1/N$，其周期与超声波在液体中传播时间近似相等。来自分频电路的输出脉冲与通过被测液体中的接收超声脉冲的时间差，可由时间差检测电路检测。该输出经直流后加在 VCO（1）上，通过 VCO（1）的振荡频率，时间差电压可在趋零方向上自动控制，VCO 输出频率保持一定。因此，在稳态下，VCO（1）的振荡频率为液体中传播时间的倒数的 $N$ 倍。VCO（2）除了与超声波传输方向相反外，还以相似的方式产生振荡频率。若取得两者的频率差，则可得与流速成正比的值。由于受噪声影响，接收脉冲的相位可能发生变动。

流量计设置了 D521 变换器,并采用了如图 7-14 所示的跟踪门脉冲发生电路,产生图 7-15 所示的跟踪门脉冲波形。在正常接收波的检测点Ⓐ处不紧不慢地跟踪,若接收脉冲的振幅像虚线那样低,则比基准电压的相位迟一个波长,将接收波整形为Ⓑ,但由于跟踪门脉冲迟滞,故仅变化Ⓒ而产生误差。因此,将Ⓑ和Ⓒ进行判别而得Ⓓ。

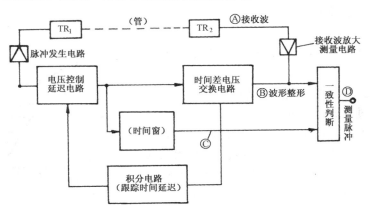

图 7-14  跟踪门脉冲发生电路

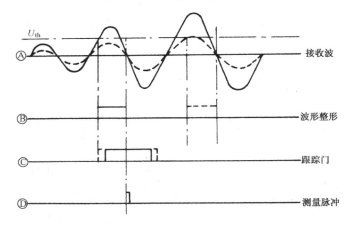

图 7-15  跟踪门脉冲波形图

F721-D521 主要检测工农业用水、海水、地下水和其他流体。

● 温度:0℃~40℃;
● 浊度:5000 度以下;
● 检测管:管径(300~3500)mm(管种类:钢、铸铁、球墨铸铁,SUS);
● 设置方法:安装于已设管的外壁;
● 检测精度:±1.5%(流速 1.0m/s~3.0m/s);
　　　　　　±1.0%(流速 3.0m/s~10.0m/s);
● 设置条件:直管部　上流侧>10$D$;
　　　　　　　　　　下流侧>5$D$。

### 7.2.3　超声波传感器的其他应用

#### 1．超声波厚度传感器

压电换能器产生的超声波以一定速度在待测厚度的物体中传播时，若测出超声波在待测物体中的往返时间 $t$，则可确定待测物体的厚度，即

$$d = \frac{vt}{2}$$

超声厚度传感器的原理框图如图 7-16 所示。脉冲形成电路产生的高频脉冲输送到压电换能器的发射极，使换能器产生超声波。发射脉冲与来自工件底面的回波脉冲均被送入接收放大器放大，然后让放大信号触发双稳态多谐振荡器。振荡器输出的信号通过计算电路计算，最后由显示仪器给出厚度（或时间间隔）。

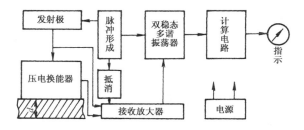

图 7-16　超声厚度传感器原理框图

超声厚度传感器可用于在危险环境中进行非接触检测，有精度高和寿命长等优点。缺点是液体波动大时误差大。

主要性能：

● 检测范围：0.5m～10m；

● 精度：±2mm。

#### 2．超声物位传感器

超声物位传感器的工作原理如图 7-17 所示。这种传感器是利用超声波在气体、液体和固体介质中传播的回声测距原理来检测物位的，故超声物位传感器有气介式、液介式和固介式三类。探头可以采用双探头形式，发射和接收超声波由一个探头承担（也可以采用单个直探头，放于测量的两端）。图中反射小板的设置，是为抵消声速随温度变化而改变造成的温漂。

液介式探头既可安装在液体介质的底部，亦可安装在容器外部。若探头安装在介质底部，设待测液面的高度为 $h$，超声波在该介质中的传播速度为 $v$，超声波从单探头发射到液面又由液面反射到探头共需时间 $t$，则液面高度为

$$h = \frac{vt}{2}$$

若探头安装在容器外部，则超声波的速度为其在空气中的传播速度。

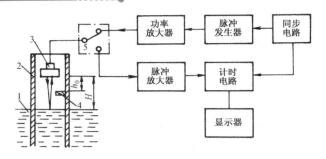

图 7-17　超声物位传感器的工作原理

1—液面；2—直管；3—探头；4—反射小板；5—电子开关

　　超声物位传感器可用于危险场所非接触检测物位，有精度高和换能器寿命长等优点。缺点是液体波浪大时误差大，单探头式不能检测小于盲区的距离，双探头式虽然理论上无盲区，但由于探头的侧向超声辐射对接收器的作用，使接收电路在静态时有微弱输出。

　　主要性能：

- 检测范围：$10^{-2}\text{m}\sim10^{4}\text{m}$；
- 精度：0.1%（校准）。

### 3. 超声波汽车倒车防撞报警传感器

　　图 7-18 是超声波汽车倒车防撞报警传感器电路图。图 7-18 中，LM1812 是专用集成探头，它具有接收与发送超声波的双重功能。发射电路是由接至其①脚的 LC 振荡器和Ⅱ-NE555 多谐振荡器、反相器 9018、发送器 2SB504 组成。接收电路由接收器和阻容耦合器组成。单稳态Ⅰ-NE555 是报警驱动电路。LM1812 由引脚⑧进行发送与接收超声波的切换。⑧脚为高电平时，探头处于发射模式，为低电平时，探头处于接收模式。⑧脚的输入电流控制在 $1\text{mA}\sim$ $10\text{mA}$。LM1812 各个引脚的功能列于表 7-1 中。

表 7-1　LM1812 各引脚及其功能

| 引　　脚 | 元　　件 | 典　型　值 | 元　件　功　能 | 引　脚　说　明 |
|---|---|---|---|---|
| 1 | $L_1C_1$ | $500\mu\text{H}\sim5\text{mH}$<br>$250\text{pF}\sim2.2\text{nF}$ | 发送器的振荡及接收器的选频设定工作频率 $f_0$ | 第二增长率益级输出/振荡器 |
| 2 | $C_2$ | $500\text{pF}\sim10\text{nF}$ | 耦合电容 | 第二增益级输出 |
| 3 | $R_3$ | $5.1\text{k}\Omega$ | 输出电阻 | 第一增益级输出 |
| 4 | $C_4$ | $100\text{pF}\sim10\text{nF}$ | 输入耦合电容 | 第一增益级输入 |
| 5 | 接地 | — | — | 接地 |
| 6 | $L_6$ | $50\mu\text{H}\sim10\text{mH}$ | 与换能器匹配 | 发射器输出 |
| 7 | NC | — | — | 发射器驱动器 |
| 8 | $R_8$ | $1\text{k}\Omega\sim10\text{k}\Omega$ | 开关脉冲限流 | 切换开关 |
| 9 | $C_9$ | $100\text{nF}\sim10\mu\text{F}$ | 接收器开启延迟 | 接收器第二级延迟 |
| 10 | 接地 | — | — | 接地 |
| 11 | $C_{11}$ | $200\text{nF}\sim2.2\mu\text{F}$ | 限制检测器输出的占空比 | 对地短路失效 |
| 12 | 接电源 | — | — | 不超过 18V，一般为 12V |
| 13 | $C_{13}$ | $100\mu\text{F}\sim1000\mu\text{F}$ | 电源退耦 | 电源退耦 |

| 引　脚 | 元　件 | 典　型　值 | 元 件 功 能 | 引 脚 说 明 |
|---|---|---|---|---|
| 14 | $T_{14}$ | $Lp>50mH$, $Ns/Np=10$ | 检出器输出 | 检出器输出 |
| 15 | 接地 | — | — | — |
| 16 | — | — | — | 输出驱动器 |
| 17 | $R_{17}$,$C_{17}$ | 开路～22kΩ, 10nF～10μF | 控制积分时间常数 | 起噪声控制作用 |
| 18 | $C_{18}$ | 1nF～100μF | 控制积分器复位时间常数 | 脉冲积分复位 |

在此电路中，LM1812 的①脚所接的 LC 确定了传感器的工作频率 $f$（约 40kHz）。防撞报警器的报警距离可以通过 RP 电位器，在（2～3）m 范围内调节。当调节距离确定，Ⅱ-NE555 产生一系列方波，其占空比为 $D=t_1/T$（约为 99.5%），其中 $T$ 为方波周期，$t_1$ 为高电平时间。方波经 9018 反相后输入到 LM1812 的⑧脚：反向后的方波为"1"时，LM1812 处于发射模式，⑭脚无输出，2SB504 的基极接到 LM1812 的⑥脚与⑬脚的输出信号，2SB504 振荡，发射器发出 40kHz 的超声波；反向后的方波为"0"时，LM1812 处于接收模式，其内部放大器 Ⅱ 暂时不接通，经⑨脚接地电容延时后再接通。④脚接反射的超声波，将 40kHz 的电信号输入到④脚，④脚将此信号输入 LM1812 的内部放大器 Ⅰ，再经阻容耦合器（②和③脚间接电阻和电容），输入到放大器 Ⅱ。延时后，放大器 Ⅱ 接通，经⑭脚输出一个低电平（约 $1/3V_{CC}$）。该输出送至 Ⅰ-NE555 并触发 Ⅰ-NE555，输出高电平，蜂鸣器发声，二极管发光报警。

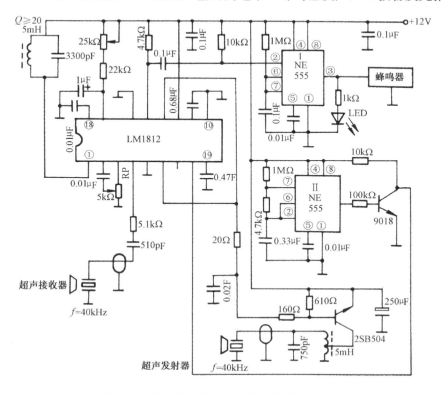

图 7-18　超声波汽车倒车防撞报警传感器电路

**思考题**

7.1　超声波的特点是什么？超声波探头的工作原理是什么？超声波传感器的特点是什么？

7.2　超声波传感器在接触工件时，为什么经常要在探头与工件之间涂一层耦合剂？常用的耦合剂有哪些？

7.3　利用超声波传感器，设计一个遥控开"保险锁"的装置。要求该"保险锁"在识别开启者身份后，方可打开。这种装置还可以有哪些用途？

7.4　设计一个超声波防盗报警器，画出原理框图，分析其工作原理。

# 第8章

# 电感传感器

电感传感器是利用线圈自感或互感的变化实现测量的一种传感器。它的基本转换原理是将被测量转换成电感量的变化。因此，电感传感器可以分为自感式和互感式两大类。

电感传感器与其他传感器相比，有以下优点：

（1）结构简单可靠，可以测微小的被测量；

（2）分辨率高，最小刻度可达 0.1μm；

（3）零点漂移少，可达 0.1μm；

（4）测量精度高，线性度好；

（5）输出功率大，即使不用放大器一般也有（0.1～5）V/mm 的输出。

电感传感器的主要缺点是：不宜动态测量，响应时间长。

## 8.1 自感式电感传感器

### 8.1.1 自感式电感传感器的结构

自感式电感传感器的结构示意图如图 8-1 所示，它主要用来测量位移或者是可以转换成位移的被测量。

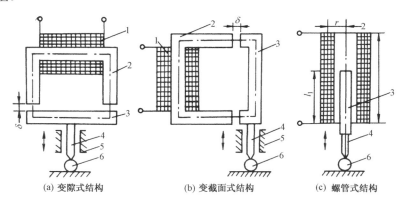

（a）变隙式结构          （b）变截面式结构          （c）螺管式结构

图 8-1　自感式电感传感器结构示意图

1—线圈；2—铁心；3—衔铁；4—测杆；5—导轨；6—工件

自感式电感传感器主要由线圈、衔铁和铁心组成，点划线表示磁路。工作时衔铁与被测体相连，被测体位移引起气隙磁阻的变化，从而使线圈电感值变化。若将线圈电感的变化转换成电压、电流或频率的变化，即可实现对被测量测量的目的。由磁路的基本知识可知，线圈电感为

$$L = \frac{N^2}{\sum R_m}$$

式中，$N$ 为线圈匝数；$\sum R_m$ 为磁路总磁阻。

由于铁心和衔铁磁阻比气隙磁阻小得多，故可忽略。磁路总磁阻近似为气隙磁阻，即

$$\sum R_m \approx \frac{2\delta}{\mu_0 A}$$

式中，$\mu_0$ 为真空磁导率；$\delta$ 为气隙厚度；$A$ 为气隙有效相对面积。

因此，电感线圈的电感量为 $L \approx \frac{N^2 \mu_0 A}{2\delta}$。若自感传感器结构确定后，$N$ 与 $\mu_0$ 为常数，则 $L$ 与 $A$ 和 $1/\delta$ 成正比，这样，可以考虑只要被测量能引起 $A$ 和 $\delta$ 的变化，都可以用自感传感器测量。可见，自感传感器有变气隙式结构电感传感器和变截面积式结构电感传感器两种类型。

**1. 变气隙式结构电感传感器**

自感式传感器的输出特性如图 8-2 所示。

由 $L \approx \frac{N^2 \mu_0 A}{2\delta}$ 可知，若 $A$ 为常数，则电感量 $L$ 与气隙厚度 $\delta$ 成反比，即 $L=f(1/\delta)$，其结构如图 8-1（a）所示。输出特性如图 8-2（a）所示，其中，1 是实际特性，2 是理想特性。由图 8-2（a）可见其输出特性为非线性。这种传感器灵敏度为

$$K = \frac{dL}{d\delta} = -\frac{N^2 \mu_0 A}{2\delta^2}$$

$\delta$ 越小，灵敏度越高。为提高灵敏度并保证一定的线性度，传感器只能工作在很小的区域，因而只能用于微小位移的测量。

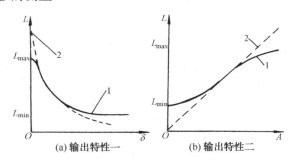

图 8-2　自感式传感器的输出特性

**2. 变截面积式结构电感传感器**

由式 $L \approx \frac{N^2 \mu_0 A}{2\delta}$ 可知，若保持气隙厚度 $\delta$ 为常数，则 $L=fA$，且 $L$ 与 $A$ 成正比。其结构如

图 8-1（b）所示。其灵敏度 $K = \dfrac{N^2 \mu_0}{2\delta}$ 为一常数，应该说它的输出特性是线性的，但由于漏电感等原因，其线性区较小，图 8-2（b）是这种结构传感器的输出特性。为了提高灵敏度，常将 $\delta$ 做得较小，这种类型的传感器由于结构的限制，它的被测位移量也不大。为了增大测量范围，常做成螺管式结构。

### 3．螺管式结构电感传感器

螺管式结构电感传感器，由一只螺管线圈和一根柱型衔铁组成。当被测量作用在衔铁上时，会引起衔铁在线圈中伸入长度的变化，从而引起电感量的变化。这种传感器衔铁在螺管中间部分工作时，可以认为线圈内磁场是均匀的。此时，电感与衔铁插入深度成正比。但这种结构灵敏度低，且为了获得线性输出，被测位移也不会太大。

### 4．差动式结构自感电感传感器

上述三种结构的自感传感器，虽然结构简单，但存在缺点，如线圈流向负载的电流不可能为零，衔铁受有引力，线圈电阻易受温度等外界干扰，不能反映被测量的变化方向（因电流只有一个方向）。因此，实际应用中，上述结构较少使用，而常采用差动式结构。图 8-3 是差动式结构自感传感器的原理图，将有公共衔铁的两个相同的单个线圈的电感传感器连在一起，当衔铁位移为零时，即衔铁处于中间位置时，$L_1 = L_2$，$Z_1 = Z_2$，$U_0 = 0$。当衔铁有位移时，一个气隙增加，而另一个气隙减小，则一个线圈电感增加，另一个线圈电感减小，形成差动形式，此时 $L_1 \neq L_2$，$Z_1 \neq Z_2$，有一定的输出电压值。衔铁移动方向不同，输出电压的极性也不同。差动式结构自感传感器不仅能消除上述自感传感器的缺点，且能提高灵敏度，减小非线性误差。

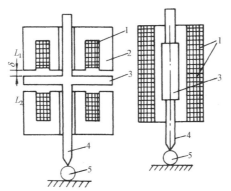

(a) 改变气隙厚度的差动结构　　(b) 改变截面积式的差动结构

图 8-3　差动式结构自感传感器原理图

1—线圈；2—铁心；3—衔铁；4—测杆；5—导轨

如假设衔铁上移为 $\Delta\delta$，则有

$$\Delta L = L_1 - L_2 = \frac{N^2 \mu_0 A}{2(\delta - \Delta\delta)} - \frac{N^2 \mu_0 A}{2(\delta + \Delta\delta)} = \frac{N^2 \mu_0 A}{2} \times \frac{2\Delta\delta}{\delta^2 - \Delta\delta^2}$$

当 $\delta \gg \Delta\delta$ 时，式中的 $\Delta\delta^2$ 可以忽略不计。

则

$$\Delta L = 2 \times \frac{N^2 \mu_0 A}{2\delta^2} \Delta \delta$$

$$K_{差动} = \frac{\Delta L}{\Delta \delta} = 2 \times \frac{N^2 \mu_0 A}{2\delta^2} = 2K_{普通}$$

差动式结构自感传感器输出特性如图 8-4 所示。其中 1 是图 8-3 中上面单线圈自感传感器的输出特性，2 是下面单线圈自感传感器的输出特性，3 是差接后的输出特性。由此可以看出，差动式结构自感传感器的输出特性得到了改善。

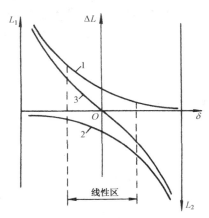

图 8-4　差动式结构自感传感器输出特性

## 8.1.2　自感式电感传感器的应用

### 1．JGH 型电感测厚仪

当被测物体的厚度变化使电感测厚仪的感辨头带动差动式结构自感传感器的衔铁位置发生变化，从而引起 $L$ 的差动变化。测量电路采用图 8-5 所示的 JGH 型电感测厚仪电路。

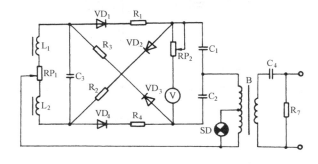

图 8-5　JGH 型电感测厚仪电路

自感传感器的两个差动线圈 $L_1$ 和 $L_2$ 作为电桥两相邻的桥臂，另两相邻的桥臂采用电容 $C_1$ 和 $C_2$，并且使用 4 只二极管 $VD_1 \sim VD_4$ 作为相敏整流器。在相敏整流器的输出端，用指示器 V 指示。二极管中串联 4 个电阻 $R_1 \sim R_4$ 作附加电阻使用，目的是减少由于温度变化而引起的误差，故选用温度系数小的绕线电阻。电桥的电源对角线是由变压器提供的。变压器的原边用磁铁和稳压器 $R_7$ 和 $C_4$。$C_3$ 起滤波作用，$RP_1$ 调节电桥电路的零位，$RP_2$ 用来调节指示器满刻度，SD 为指示灯。图 8-5 中使用相敏整流电路的目的，是使输出电压的极性能真正反映衔铁的移动方向，从而确定厚度是增加还是减小。

### 2. GDH 型电感测微仪

图 8-6 是这种传感器的结构图，从图中可以看出，这是差动式自感传感器。当在测端有微小位移作用时，则测杆带动衔铁移动，改变了差动电感传感器的截面积，线圈电感差动变化，通过电缆接到电桥。图 8-7 是 GDH 型电感测微仪的测量电路。电桥由振荡器二次侧线圈和传感器电感组成，其输出信号送入由 $R_1$ 到 $R_4$ 组成的量程切换器。被测信号被放大后经电容 $C_8$ 送入相敏检波电路，最终由仪表显示出来。

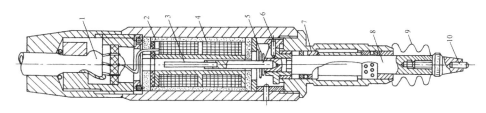

图 8-6　GDH 型电感测微仪结构图

1—引线电缆；2—固定磁筒；3—衔铁；4—线圈；5—弹簧，用来传导测段感受的作用力；

6—防转销；7—导轨；8—测杆；9—密封套；10—测端

当没有位移作用在测端，两线圈电感相等，电桥平衡，无输出信号。若衔铁偏离中间位置，电桥有电压输出，幅值与衔铁位移成正比。图 8-7 中的相敏检波电路和图 8-5 的整流电路原理相同，是为了使输出电压极性真正反映衔铁位移的方向，即被测位移的方向。

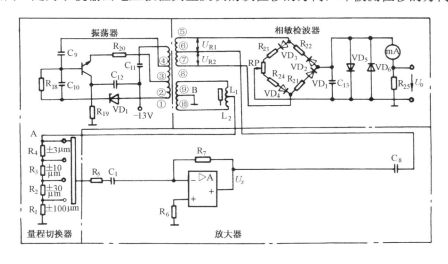

图 8-7　电感测微仪测量电路图

### 3．电感传感器在仿形机床中的应用

电感传感器采用的是将被加工工件与标准件放在同一框架上，当标准件沿传感器探头旋转时，使得衔铁处于线圈内部的位置不同，传感器输出不同极性和大小的电压，这个电压使电机以不同方向和转速旋转，拖动框架上下移动，同时由于铣刀始终在旋转，因此可以在不同的位置加工被加工的工件。仿型机床中的电感传感器示意图如图8-8所示。

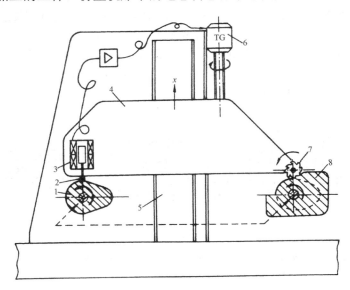

图8-8　仿型机床中的电感传感器示意图

1—标准件；2—测量端；3—电感测微仪；4—铣刀框架；

5—立柱；6—伺服电动机；7—铣刀；8—毛坯（被加工工件）

## 8.2　差动变压器

### 8.2.1　差动变压器的结构原理与测量电路

本节讨论的差动变压器是将被测量转换成互感变化的电感传感器。传感器本身相当于一个变压器，且变压器副边有两组线圈进行差动反向串联连接。原边与副边的相互作用靠互感系数的存在，因此互感传感器又称为差动变压器。

图8-9所示是差动变压器的结构示意图。差动变压器由三组线圈组成，这种结构可以用图8-10的等效形式表示。当一次侧线圈加入激励电压；二次侧绕组会产生感应电动势 $\dot{U}_{21}, \dot{U}_{22}$

$$\dot{U}_{21} = -\mathrm{j}\omega M_1 \dot{I}_1 \qquad\qquad \dot{U}_{22} = -\mathrm{j}\omega M_2 \dot{I}_1$$

式中，$\omega$ 为激励电源角频率；$M_1, M_2$ 为一次侧线圈 $N_{21}$ 与二次侧线圈 $N_{22}$ 之间的互感；$\dot{I}_1$ 为一次侧线圈的激励电流。它们的方向如图8-10所示（同名端标于图中），由于 $N_{21}, N_{22}$ 差动连接，所以空载时输出电压 $\dot{U}_o$ 为

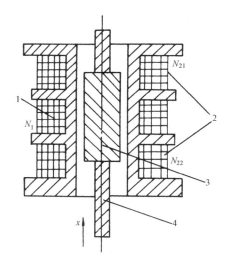

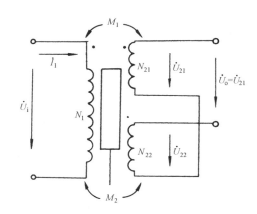

图 8-9 差动变压器结构示意图　　　　图 8-10 差动变压器等效形式

1— 一次线圈；2—二次线圈（两组）；3—衔铁；4—测杆

$$\dot{U}_o = \dot{U}_{21} - \dot{U}_{22} = = -j\omega M_1 \dot{I}_1 - (-j\omega M_2 \dot{I}_1) = j\omega(M_2 - M_1)\dot{I}_1$$

若两个二次侧线圈的参数及磁路尺寸相等，则当衔铁处于中间位置时，$M_1 = M_2 = M$，则有 $\dot{U}_o = 0$。若衔铁偏离中间位置向下移动，$M_1 = M - \Delta M$，$M_2 = M + \Delta M$，则 $\dot{U}_o = 2j\omega\Delta M\dot{I}_1$。

同理，衔铁偏离中间位置上移时，$M_1 = M + \Delta M$，$M_2 = M - \Delta M$，则 $\dot{U}_o = -2j\omega\Delta M\dot{I}_1$，将两式综合则有 $\dot{U}_o = \pm 2j\omega\Delta M\dot{I}_1$。这里要注意，式中的"+""−"号不绝对表示输出电压的极性。为此，若要以电压极性表示位移的方向，同样需要相敏整流或检波电路。有了这样的电路，差动变压器的输出特性如图 8-11 所示。图中 $x$ 表示被测位移（大小、方向），若不接相敏电路，铁心处于中央位置时，本应输出电压为零，而在实际特性中，出现了零点残余电压（图 8-11 中 1），这主要是由于两组次级线圈的不完全对称以及激励电压存在高次谐波，这个电压给测量带来误差。若采用相敏整流电路，可以看到差动变压器的输出不仅消除了零点残余电压，且能从电压输出极性反映被测位移的方向（图 8-11 中 2）。

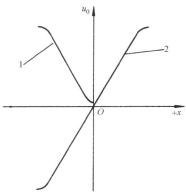

图 8-11 差动变压器的输出特性

如图 8-12 为 CPC 型差压传感器的测量电路。图中的相敏整流部分是由两个晶体二极管 $VD_5$，$VD_6$ 和电阻 $R_7$，$R_8$ 以及分别包含在 $R_7$，$R_8$ 电路中的电位器 $RP_1$ 组成。$RP_1$ 是用来平衡 $R_7$，$R_8$ 的电阻差值，以调节仪器的零点。$VD_5$，$VD_6$ 分别对差动变压器两个次级线圈的电压进行整流，并在其相应的负载电阻 $R_7$，$R_8$ 上得到一个极性相反的直流电压，这两个电压的差值即为被送到直流毫伏表上的输出量。当被测位移为零时，即差动变压器衔铁（铁心）处在中间位置时，在 $R_7$，$R_8$ 上的直流电压相等，输出为零。当有位移时，铁心偏离中心位置，在毫伏计上得到与铁心位移成正比的直流电压。$RP_2$ 用来调节仪表的灵敏度。

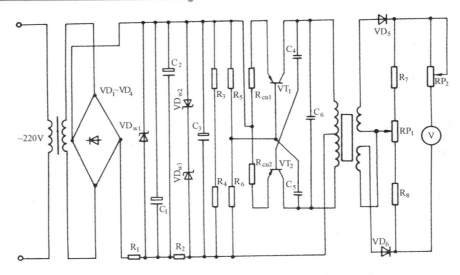

图 8-12　CPC 型差压传感器的测量电路

## 8.2.2　差动变压器的应用

### 1.　微动同步器

检测小角度机械转角（±10°）通常采用微动同步器。微动同步器如图 8-13 所示。$U_s$ 是激磁电压，$U_o$ 是输出电压，当转子转过一个小角度时，改变了两组次级绕组的互感而引起输出电压变化，微动同步器的分辨率高，线性度好，寿命长。缺点是动态范围小且需相敏整流或检波，其主要性能指标为：

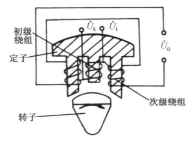

图 8-13　微动同步器原理图

- 测量范围：±10°；
- 分辨率：2″；
- 灵敏度：35mV/rad；
- 零位电压：≤±3%；
- 工作温度：(−40～+50)℃；
- 电源：9V（AC），1200Hz。

### 2.　差动变压器式线性位移传感器

差动变压器式线性位移传感器是将被测位移转换成差动变压器铁心的位置变化，从而引起差动变压器输出电压的变化，其结构原理如图 8-14 所示。

这种传感器的分辨率高，线性度好，但缺点是有残余电压会引起测量误差，其主要性能指标为：

- 测量范围：1mm～1000mm；
- 线性度：0.1%～0.5%；

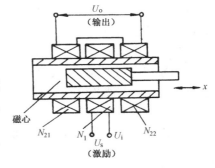

图 8-14　差动变压器式线性位移传感器结构原理图

● 分辨率：0.01。

### 3．差动变压器压力传感器

图 8-15 是 YST-1 型压力传感器结构示意图与测量电路。图 8-15（a）是传感器的结构示意图。当被测压力导入膜盒时，膜盒中心产生的位移作用在测杆上，并带动衔铁引起位移，使差动变压器产生输出。图 8-15（b）是这种传感器的测量电路。220V 交流电通过变压整流、滤波、稳压后，被 $VT_1$,$VT_2$ 三极管组成的振荡器转变为 6V,1000Hz 的稳定交流电压，作为该传感器的激磁电压。差动变压器二次侧电压通过相敏检波电路，输出电压为（0～50）mV。

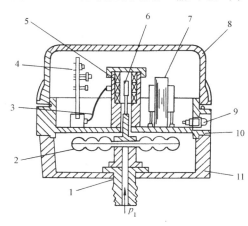

(a) 结构示意图

(b) 测量电路

图 8-15　YST-1 型压力传感器结构示意图与测量电路
1—输入的压力；2—膜盒；3—导线；4—印刷电路板；5—差动线圈；
6—衔铁；7—变压器；8—罩；9—指示灯；10—安装座；11—底座

### 4．差动变压器测速传感器

差动变压器测速的原理如图 8-16 所示。原边励磁电流由交、直流同时供给，即

$$i(t)=I_0+I_A\sin\omega t$$

式中，$I_0$ 为直流电；$I_A$ 为交流电流幅值。若差动变压器铁心以速度 $dx/dt$ 移动，则差动变压器的副边产生感应电势为

$$e=-d[M(x)i(t)]/dt$$

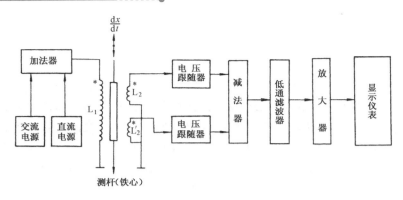

图 8-16　差动变压器测速原理图

式中，$M(x)$为原边、副边的互感系数。

$$M_0(x) = M_0 - \Delta M(x)$$

$$M_2(x) = M_0 + \Delta M(x)$$

$M_0$ 是 $x=0$ 时（铁心在中间）的互感系数，$\Delta M(x)$是铁心有位移时的互感系数变化量，它是随位移 $x$ 的变化而变化的，即

$$\Delta M(x) = K x　（K 是常数）。$$

所以，若铁心有位移，两组副边绕阻的感应电势的差值为

$$\Delta e = 2 K I_0 dx/dt + 2 K I_A dx/dt \sin \omega t + 2\omega K I_A x \cos\omega t$$

$\omega$为励磁电流的角频率，可以用低通滤波器滤除，则有

$$\Delta e = 2 K I_0 \, dx/dt$$

此式说明，输出电压正比于 $dx/dt$，即被测速度。图 8-17 是这种传感器的测量电路图。这种传感器线性度较好，输出电压最大可达 10V，检测范围在（10～200）mm/s 内可调。

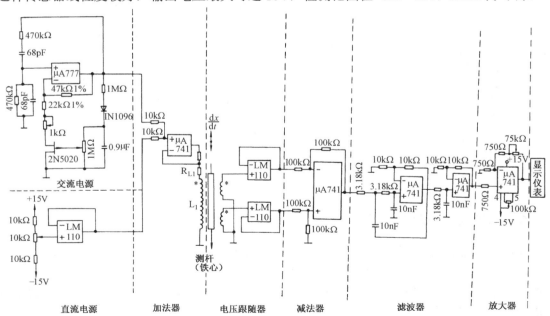

图 8-17　差动变压器测速传感器测量电路图

## 8.3 涡流传感器

### 8.3.1 涡流传感器原理

如果通过金属导体中的磁通发生变化，就会在闭合的导体内产生感应电流。这种电流像水中的旋涡那样，它的流线在金属体内是自行闭合的，通常称之为涡流，这种现象称为涡流效应。电涡流的产生，必然要消耗一部分磁场能量，从而使产生磁场的线圈阻抗发生变化。电涡流传感器就是基于这种涡流效应。涡流传感器原理图如图 8-18 所示。图 8-18 中，有一块电导率为 $\delta$，磁导率为 $\mu$，厚度为 $t$ 的金属板，离金属板 $x$ 处有一半径为 $r$ 的线圈，当线圈通上正弦交流电 $I$ 时（角频率为 $\omega$），线圈周围产生磁场 $H_1$；而处于 $H_1$ 中的金属板中将产生电涡流 $I_2$，这个电涡流产生 $H_2$，且 $H_1$ 的方向与 $H_2$ 方向相反。激励电流线圈有效阻抗 $Z$ 与下列参数有关，即

$$Z=f（\mu, \ \delta, \ r, \ x, \ t, \ I, \ \omega）$$

若改变这些参数中的任一物理量，都将引起 $Z$ 的变化，这就是涡流传感器的原理。

利用这种涡流现象，可以把距离 $x$ 的变化变换为 $Z$ 的变化，从而做成位移、振幅、厚度等传感器；也可利用这种涡流效应，把电导率 $\delta$ 的变化变换为 $Z$ 的变化，从而做成表面温度、电解质浓度、材质判别等传感器；还可利用磁导率 $\mu$ 的变化变换为 $Z$ 的变化，从而做成应力、硬度等传感器。这类传感器的测量范围大、灵敏度高、抗干扰能力强，不受介质影响，结构简单，使用方便，且不需要接触测量，因此广泛应用于工业生产和科研领域，尤其是在高速旋转的机械中，测量旋转轴的轴向位移和径向振动以及连续远距离监控等方面发挥着独特的优越性。涡流传感器的等效电路如图 8-19 所示，$\dot{U}, \dot{I}$ 是接入线圈的励磁电压和励磁电流，线圈的等效电阻和等效电感用 $R_1, L_1$ 表示，金属体上产生的涡流用一闭合的线圈表示，电阻为 $R_2$，电感为 $L_2$，涡流电流为 $I_2$。这样，励磁线圈最终在导体上产生涡流的实质，是由于两者之间存在互感 $M$ 的原因。

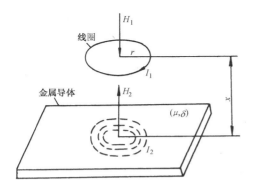

图 8-18 涡流传感器原理图

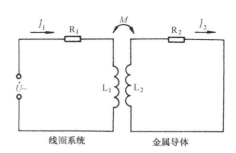

图 8-19 涡流传感器等效电路

### 8.3.2 涡流传感器的应用

#### 1. 线性位移传感器

被测位移作用于金属板，改变了金属板与涡流探头（激励线圈）的距离，从而引起探头有效阻抗 $Z$ 的变化，如图 8-20 是 CZF 型位移传感器的结构原理图。图中，敏感头由矩形截面线圈和骨架组成，传感器壳体用于夹持敏感头的金属部分，探头阻抗的改变经接头接入测量电路，就可得到电压或电流的输出。

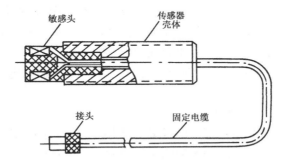

图 8-20　CZF 型位移传感器结构原理图

其主要性能指标：
- 测量范围：1mm～100mm；
- 线性度：1%～3%；
- 分辨率：0.05μm。

线性位移传感器广泛应用于检测试件的位移、金属厚度、监视和控制液位。

#### 2. 涡流式转速传感器

涡流式转速传感器电路框图如图 8-21 所示，在被测轴上开一个凹槽，靠近轴表面安装涡流探头。轴转动（如图示位置），涡流探头感受到轴表面的位置变化，传感器激励线圈的电感随之改变（轴转一圈，变化一次），振荡器的频率变化一次，通过检波器转换成电压的变化，从而得到与转速成正比的脉冲信号。来自传感器的脉冲信号经整形后，由频率计得到频率值，再转换成转速。

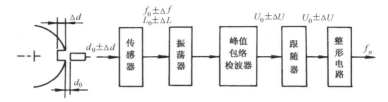

图 8-21　涡流式转速传感器电路框图

由于涡流传感器可进行非接触测量，所以对测量环境要求并不苛刻。它的检测转速可达 $6 \times 10^6$ r/min。

### 3. 涡流式膜厚检测

图 8-22 是涡流传感器用于检测腐蚀膜等厚度的原理图。设没有膜时，传感器探头与金属表面距离为 $L$，有膜时，距离变成 $D$，所以膜厚为 $d=L-D$。膜的厚度不同，消耗磁场能量不同，导致探头有效阻抗变化。采用这种方法检测只能获得微弱的信号变化。为了克服 $S/N$ 小的缺点，常采用不平衡电桥电路。

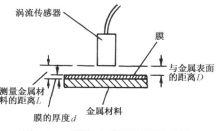

图 8-22　涡流式膜厚检测原理图

图 8-23 是一种涡流式膜厚检测电路，$IC_1$ 和 $IC_2$ 是正弦波振荡器，将产生频率为（1～100）kHz 的正弦波。正弦波加到变压器 $T_1$ 上。涡流变化量在检测放大器 $IC_3$ 中放大，再经 $IC_4$,$IC_5$ 的适当放大并输出。$VR_1$ 用来调节灵敏度，$VR_2$ 调整零点，$VR_3$ 调整电平。

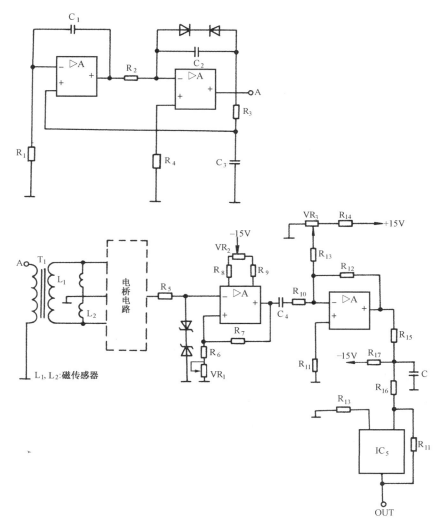

图 8-23　涡流式膜厚检测电路（图中 A-A 相连）

### 4．涡流式接近开关

为了使公路交通系统正常运行，常需检测公路上汽车的流量，依据它来控制交通信号。图 8-24 为涡流式接近开关原理图，它的主要部件是埋在公路表面下几厘米深处的环装绝缘线圈，给它通上励磁电流，公路表面上就会有图中虚线所示的磁场产生。当汽车进入这一区域，汽车上产生涡流损耗，励磁线圈有效阻抗变化（汽车在正上方时，损耗最大）。

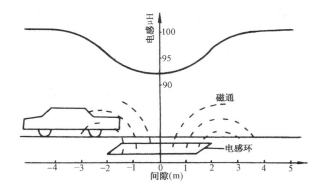

图 8-24　涡流式接近开关原理图

图 8-25 是涡流式接近开关的电路框图。将绝缘励磁线圈作为振荡电路的一部分，若振荡器有效阻抗变化，振荡器的震荡频率也要变化，经过检波器转换成的电压与比较器提供的电压比较，不等就会产生一个计数脉冲。如果计数累加超过某一上限，会驱动执行机构，改变信号灯的状态或有报警信号产生。

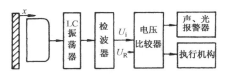

图 8-25　涡流式接近开关电路框图

 ## 思考题

8.1　分析图 8-5 JGH 型电感测厚仪的相敏整流电路原理，说明它如何以输出电压的极性反映位移的方向。

8.2　图 8-26 是差动变压器式接近开关原理图，结构中使用 H 型铁心，分析它的工作原理，并设计后续信号处理电路，使被测金属部件与探头距离达设定距离时，继电器吸合。

8.3　设计一个差动变压器式振幅检测传感器，画出其结构简图，并分析工作原理。

8.4　涡流传感器最主要的特点是什么？利用这个特点，是否能进行金属探伤？若可以，试设计其结构原理图。

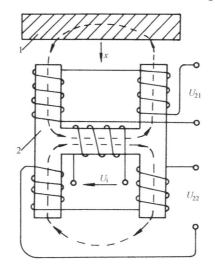

图 8-26 差动变压器式接近开关原理图

# 第9章

# 电容传感器

电容传感器的基本转换原理是将被测量（如尺寸、压力等）的变化转换成电容量的变化。电容传感器的零漂小，结构简单，功耗小，动态响应快，灵敏度高。虽然它易受干扰，存在着非线性，且受寄生电容的影响，但随着电子技术的发展，这些缺点被逐渐克服。因此电容传感器在对位移、振动、液位、介质等物理量的测量中得到越来越广泛的应用。

## 9.1 电容传感器的原理与结构

电容传感器是以各种类型的电容器作为传感器件，将被测量的变化转换成电容的变化。

下面以平行板电容器为例，说明电容传感器的原理。

如图 9-1 所示为平行板电容器，电容器的电容量为

$$C = \frac{\varepsilon_r \varepsilon_0 A}{d} = \frac{\varepsilon A}{d}$$

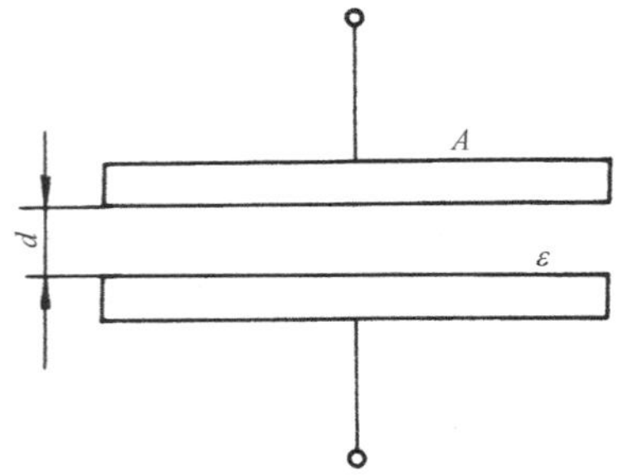

式中，$A$ 为电容极板面积；$d$ 为极板间的距离；$\varepsilon_0$ 为真空介电常数；$\varepsilon_r$ 为极板间介质相对介电常数；$\varepsilon$ 为极板间介质介电常数，$\varepsilon = \varepsilon_r \varepsilon_0$。

图 9-1　平行板电容器

式中的 $\varepsilon, A, d$ 三个参数中任何一个发生变化，均可引起 $C$ 的变化，这就是电容传感器的测量原理。由此，电容传感器实际应用可分为三种类型：改变遮盖面积型、变极距型、改变介电常数型。

### 9.1.1 改变遮盖面积型传感器

图 9-2 为改变遮盖面积型电容传感器的结构原理图。当定极板不动，动极板作直线运动或角位移，相应改变了两极板的相对面积，引起电容器电容量的变化。图（a）中，假设两极板原始长度为 $a_0$，极板宽度为 $b$，极距为 $d_0$，当动极板随被测物体有一位移 $x$ 后，两极板的遮盖面积减小，此时电容器 $C_x$ 为

式中，$C_0$ 为初始电容值，$C_0 = \varepsilon b a_0 / d_0$。这种传感器的灵敏度为

$$K = \frac{dC_x}{dx} = -\frac{\varepsilon b}{d_0}$$

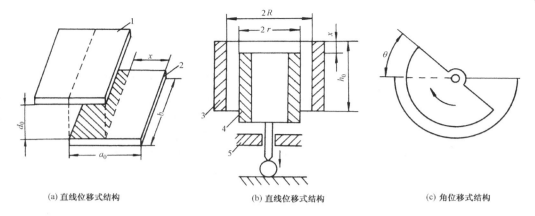

(a) 直线位移式结构　　　　　(b) 直线位移式结构　　　　　(c) 角位移式结构

图 9-2　改变遮盖面积型电容传感器结构原理图

1—动极板；2—定极板；3—外圆筒；4—内圆筒；5—导轨

$$C_x = \frac{\varepsilon b(a_0 - x)}{d_0} = C_0 \left(1 - \frac{x}{a_0}\right)$$

由上式可知：增大 $b$，减小 $d_0$，可以提高灵敏度。但要注意，若 $d_0$ 太小，容易引起电容击穿而短路。应用这种结构的电容传感器，可以测量直线位移和角位移。传感器的电容输出与位移成线性关系，灵敏度为一常数。

### 9.1.2　变极距型传感器

变极距型电容传感器结构示意图如图 9-3 所示。当动极板受被测物作用引起位移时，改变了两极板之间的距离 $d$，从而使电容器的电容量发生变化。设初始极距为 $d_0$，当动极板有位移作用，使极板间距减小 $x$ 值后，其电容值变大。设 $C_0 = \varepsilon A/d_0$，则有

$$C_x = \frac{\varepsilon A}{d_0 - x} = C_0 \left(1 + \frac{x}{d_0 - x}\right)$$

$$\Delta C = C_X - C_0 = \frac{x}{d_0 - x} C_0$$

图 9-3　变极距型电容传感器结构示意图

1—定极板；2—动极板

由上式可知，电容量 $C_x$ 与位移 $x$ 不是线性关系，其灵敏度不为常数

$$K = \frac{dC_x}{dx} = \frac{\varepsilon A}{(d_0 - x)^2}$$

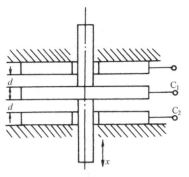

图 9-4　差动变极距型电容传感器示意图

当 $d_0$ 较小时，对于同样的位移 $x$，灵敏度较高。所以实际使用时，总是使初始极距 $d_0$ 尽量小些，以提高灵敏度。但这就带来了变极距式电容器的行程较小的缺点，并且两极板间距小，电容器容易击穿。一般变极距式电容传感器起始电容设置在数十皮法至数百皮法，极距 $d_0$ 设置在 $(20\sim200)\mu m$ 的范围内较为妥当。最大位移应该小于两极板间距的 $1/10\sim1/4$，电容的变化量可高达 $(2\sim3)$ 倍。为了提高传感器的灵敏度，减小非线性，常常把传感器做成差动形式。图 9-4 为差动变极距型电容传感器的示意图。中间为动极板（接地），上下两块为定极板。当动极板向上移动 $\Delta x$ 后，$C_1$ 的极距变为 $d_0-\Delta x$，而 $C_2$ 的极距变为 $d_0+\Delta x$，电容 $C_1$ 和 $C_2$ 形成差动变化。经过信号测量转换电路后，灵敏度提高近一倍，非线性也得到改善。

### 9.1.3　变介电常数型传感器

因为各种介质的相对介电常数不同，所以在电容器两极板间插入不同介质时，电容器的电容量也就不同，利用这种原理制作的电容传感器成为变介电常数型电容传感器，常被用来测量液体的液位和材料的厚度。

如图 9-5 为电容液位计原理图。当被测液体（绝缘体）的液面在电极间上下变化时，引起两极间不同介质（上面为空气，下面为液体）的高度变化，从而导致总电容量的变化。总电容量由上下介质形成的两个电容相并联，总电容量与液面高度的关系为

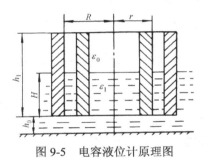

图 9-5　电容液位计原理图

$$C = C_空 + C_液 = \frac{2\pi(h_1-H)\varepsilon_0}{\ln(R/r)} + \frac{2\pi H\varepsilon_1}{\ln(R/r)}$$

式中，$h_1$ 为电容器极板高度；$r$ 为内电极的外半径；$R$ 为外电极的内半径；$H$ 为液面高度；$\varepsilon_0$ 为真空介电常数（$8.85\times10^{-12}$ F/m）；$\varepsilon_1$ 为液体的介电常数。从公式看出，电容量 $C$ 与液面高度 $H$ 成线形关系。

## 9.2　电容传感器的测量电路

电容式传感器将被测量转换为电容变化后，需要将电容经过转换电路转换为电压、电流或频率信号。这就需要使用测量转换电路。下面，介绍常用的电容传感器的测量转换电路。

### 9.2.1　调频电路

调频电路将电容传感器作为 LC 振荡器谐振回路的一部分，其原理图如图 9-6 所示。当

电容传感器电容量 $C_x$ 发生变化时，振荡器的振荡频率发生相应的改变，这样就实现了 C/F 的变换。振荡器的频率由下式决定

$$f = \frac{1}{2\pi\sqrt{LC}}$$

式中，$L$ 为振荡电路的电感；$C$ 为振荡回路总电容。

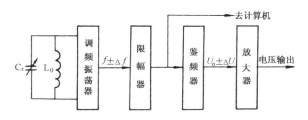

图 9-6　调频电路原理图

振荡器输出的频率变化通过鉴频器转换为电压的变化，经过放大器输出电压。图 9-7 为调频电路图，图中 $C_1$ 为固定电容，$C_i$ 为寄生电容。设 $C = C_1 + C_2 + C_0 \pm \Delta C$，$C_2 = C_3 > C$，则

$$f = \frac{1}{2\pi\sqrt{LC}} = \frac{1}{2\pi\sqrt{L(C_1 + C_2 + C_0 \pm \Delta C)}}$$

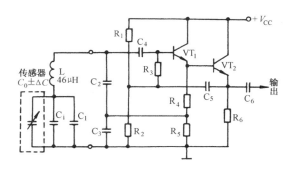

图 9-7　调频电路图

调频电路的灵敏度较高，可以测量 $0.01\,\mu m$ 的位移变化量。频率输出易于数字化而无需 A/D 转换器，能够获得高电压输出（伏特级）的直流信号，抗干扰能力强。但这种电路的频率受温度影响较大，需采取稳频措施，要求各元件的参数、直流电源电压稳定，且输出非线性较大，需进行补偿。

### 9.2.2　脉冲宽度调制电路

脉冲宽度调制电路是利用传感器电容的充放电原理，使电路输出脉冲的占空比发生变化，通过低通滤波器得到相应的直流电压。脉冲宽度调制电路如图 9-8 所示，它由比较器 $A_1$, $A_2$，双稳态触发器和电容充放电回路组成。$C_1$, $C_2$ 是差动电容传感器，当 Q 输出为高电平时，A 点通过 $R_1$ 对 $C_1$ 充电；同时电容 $C_2$ 通过二极管 $VD_2$ 迅速放电，此时 G 点电位为低电

平，直到 F 点电位高于参考电压 $U_R$ 时，比较器 $A_1$ 产生脉冲，触发器翻转，A 点成为低电平，B 点成为高电平，这时重复上述工作直至触发器再次翻转。这样周而复始，在触发器的两输出端，各自产生一个宽度受电容 $C_1,C_2$ 调制的脉冲波形。当 $C_1=C_2$ 时，A,B 两点间的平均电压为零，若 $C_1>C_2$，则 $C_1$ 的充电时间大于 $C_2$ 的充电时间，即 $t_1>t_2$，经低通滤波器后，获得的输出电压平均值为

$$U_o = \frac{t_1 - t_2}{t_1 + t_2} U_H$$

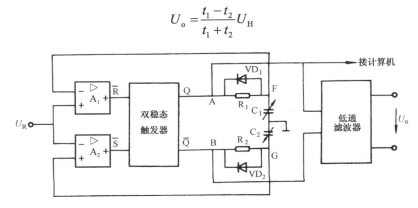

图 9-8　脉冲宽度调制电路

图 9-9 是脉冲宽度调制电路的输出电压波形图。差动电容的变化使充电时间 $t_1,t_2$ 不相等，从而使触发器输出端的脉冲宽度不同，经滤波器有直流电压输出。

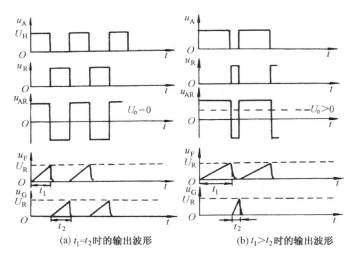

(a) $t_1=t_2$ 时的输出波形　　　　　　(b) $t_1>t_2$ 时的输出波形

图 9-9　脉冲宽度调制电路输出电压波形图

### 9.2.3　运算放大器式电路

运算放大器式电路将电容传感器接入运放，作为电路的反馈元件，如图 9-10 所示。图中 $u$ 是交流电源电压，C 是固定电容，$C_x$ 是传感器电容，$U_o$ 是输出电压。在开环放大倍数 $A$ 和输入阻抗较大的情况下

$$U_o = -\frac{1/j\omega C_x}{1/j\omega C}u = -\frac{C}{C_x}u$$

若 $C_x = \varepsilon s/d$，则 $U_o$ 与 $d$ 成线性关系，这表明这种放大电路能克服变极距型电容传感器的非线性。

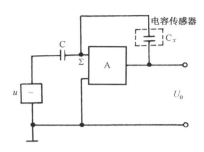

图 9-10　运算放大器式电路

## 9.3　电容传感器的应用实例

### 9.3.1　电容料位计

利用电容传感器对于密封仓内导电性不良的松散物质的料位进行检测，并能进行自动控制。检测料位时，可以用显示灯来监视料位的情况，如到达上限时应停料，到达下限时应加料等。

电容传感器是悬挂在料仓里的探头，利用它对地形成的分布电容来检测。图 9-11 是电容料位计的电路图。电路分为信号测量电路和控制电路两部分。利用 $C_x, C_2, C_3, C_4$ 组成电桥，当 $C_2C_4 = C_3C_x$ 时，电桥平衡。料面增加，$C_x$ 随之增大，电桥失去平衡，按电桥输出电压来判断料面的情况。电桥输出交流信号，经 $VT_2$ 放大后，由 $VD_1$ 检波变成直流信号，电桥的输入电压由 $VT_1$ 和 LC 回路组成的振荡器供电，其频率约为 70kHz，幅值约为 250mV。

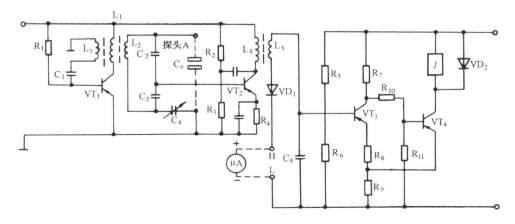

图 9-11　电容料位计电路图

控制电路由 VT$_3$ 和 VT$_4$ 组成的射极耦合触发器及继电器 J 组成。从测量电路送来的直流信号，当其幅值达到一定值时，触发器翻转，VT$_4$ 由截止变为饱和状态，继电器 J 吸合，由它的触点控制相应的指示灯亮。

此仪器在安装时，为减少探头对地的固有电容，常用两只高压瓷瓶相串联做绝缘体。探头接线不能太长，否则引线间的杂散电容过大。在调整仪器时，电路中的 H，L 两点要断开，串上电流表。当电流表在 50μA 挡时，调 C$_4$ 使表头指零。将电流表撤除，H，L 短接。

### 9.3.2 电容式厚度传感器

利用变面积或变气隙厚度式的差动电容传感器，可以检测物体的厚度。图 9-12 是电容式厚度传感器的工作原理方框图。图中多谐振荡器的输出电压 $U_1$,$U_2$ 通过 R$_1$,R$_2$ 交替对 C$_1$,C$_2$ 充放电（其中 $R_1=R_2$），从而驰张振荡器的输出，分别交替触发双稳态电路。$C_1=C_2$ 时，$U_o=0$；$C_1 \neq C_2$ 时，Q 端输出的脉冲经对称脉冲检测电路变成 $U_o$ 输出，并可用数字电压表显示。输出电压表示式为

$$U_o = V_{CC} \frac{C_1 - C_2}{C_1 + C_2}$$

式中，$V_{CC}$ 为电源电压。

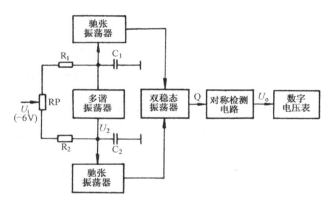

图 9-12　电容式厚度传感器工作原理方框图

电容式厚度传感器的优点是结构简单，线性度好，分辨率高。
其主要性能：
- 检测范围：200μm；
- 分辨率：0.01μm。

### 9.3.3 电容式差压传感器

图 9-13 是电容差压传感器结构原理图。这种传感器的结构简单，灵敏度高，响应速度快。高压和低压侧的液体或气体对薄膜施加压力，则薄膜的位移与两侧压差成比例，同时薄膜与固定电极间的电容发生变化。利用图 9-14 电容差压传感器电路，可以得到（4～20）mA 的

直流输出信号。差压与输出电流间的关系为

$$I_o = \frac{C_L - C_H}{C_L + C_H} I_C = \frac{K}{d_0} \Delta p$$

式中，$I_o$ 为输出电流；$C_H$ 和 $C_L$ 为高、低压侧的电容值；$d_0$ 为电极间的初始距离；$\Delta p$ 为压差；$I_C$ 和 $K$ 为常数。

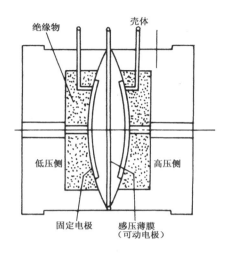

图 9-13　电容差压传感器结构原理图

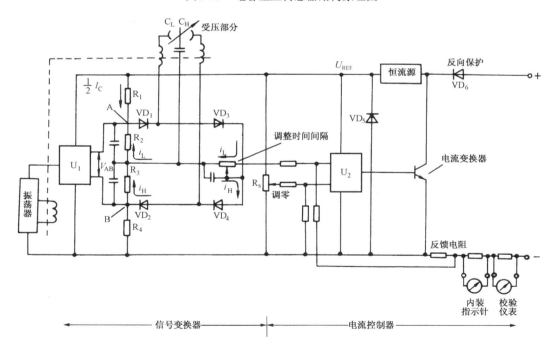

图 9-14　电容差压传感器电路图

电容差压传感器的主要性能指标为：

● 量程：0-100～0-700mmH$_2$O；

0-500～0-3500mmH₂O；

0-3000～0-21000mmH₂O；

- 精度：±0.2%；
- 测试温度：±40℃；
- 最大压力：1.4×10⁷Pa。

### 9.3.4 人体接近电容式传感器

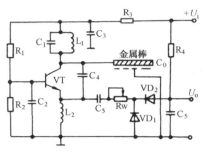

图9-15 人体接近电容式传感器电路图

人体接近电容式传感器用于切纸机，压模机、锻压机等机械设备，是保护人体安全的一种检测传感器。它是一种非接触式传感器，图9-15是这种传感器的电路图。$C_1$ 与 $L_1$ 构成并联谐振电路，$L_2$ 和 VT 形成共基接法，$C_4$ 是反馈电容，$C_5$ 是耦合电容，$R_3$ 与 $C_3$ 形成去耦电路。$R_1$ 和 $R_2$ 是偏置电阻，与 $C_2$ 形成选频网络。电位器用于调节接近距离。$VD_1$ 与 $VD_2$ 构成检波电路。$C_6$ 是检波电容，$C_0$ 是人体与金属棒形成的电容。若人体接近金属棒，$C_0$ 变大，与 $C_4$ 并联后使反馈电容增加，与 $L_2$ 形成振荡器的振荡条件遭到破坏，从而微弱振荡，经 $VD_1$,$VD_2$ 检波后，输出的电压为低电平。否则，振荡器正常振荡，输出高电平。

人体接近电容式传感器测试距离 $s = K\dfrac{R_W}{C_4}$（mm）。$K$ 一般为 0.04～0.4，$R_W$ 是电位器电阻（Ω），$C_4$ 是反馈电容（pF）。

### 9.3.5 电容式湿度传感器

湿敏电容是利用湿度的变化，影响电容电极间介质的介电常数，从而改变电容的大小。湿敏电容结构如图 9-16 所示。它尺寸小，响应快，线性度好，温度系数小，有较好的稳定性，广泛用于各类环境湿度的测量。

图 9-17 是电容式湿度传感器的测量电路。电路中包括自激振荡器、脉冲宽度调制电路、F/V 变换电路和 A/D 转换电路，最终以数字形式显示湿度值，图中 $C_{MC}$ 就是湿敏电容。

$IC_1$ 是由 7555 时基电路组成的多谐振荡器，它的振荡频率 $f = 1.443/[(R_1+2R_2)C_1]$，约为 18ms,它的输出为 $IC_2$ 提供输入脉冲。输入脉冲的下降沿触发 $IC_1$,$IC_2$ 由③脚输出，输出脉冲的宽度随输入脉冲的大小而定，输入脉冲大，输出脉冲宽度也大。经过分析内部电路，输出脉冲实际上与湿度成正比。运放滤波器 7611 是简单的 RC 低通滤波器，它将脉冲宽度转换成平滑的直流电压输出，再经 7106 作 A/D 转换。这个电路中，7106 的内部稳压电源提供 $IC_1$,$IC_2$ 和传感器的工作电压。

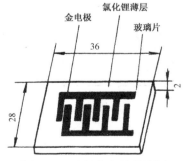

图 9-16 湿敏电容的结构图

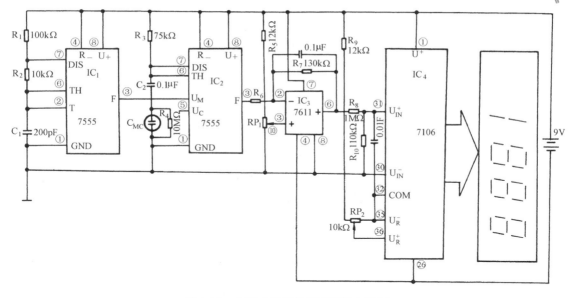

图 9-17　电容式湿度传感器测量电路图

## 思考题

9.1　自行设计变截面积式差动电容传感器的结构，分析工作原理。

9.2　分析脉冲宽度调制电路的工作原理，画图分析 $t_2 > t_1$ 时的电压输出波形。

9.3　图 9-18 是电容式加速度传感器，试分析其工作原理。

9.4　平行板电容器如图 9-2（a）所示，极板宽度为 4mm，间隙为 0.5mm，差动电容传感器的测量极板间介质为空气，求其灵敏度。若动极板移动 2mm，求其电容变化量。

9.5　图 9-19 是差动电容传感器的测量电路，$C_1, C_2$ 是差动电容，$C_{f1}, C_{f2}, C_{f3}$ 是滤波电容，其值远大于 $C_1, C_2$，$E_i$ 是恒流源。工作中保证 $I_0, R_S$ 为常数，电路输出电压为 $U_o$，分析其测量原理。

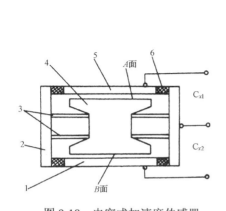

图 9-18　电容式加速度传感器

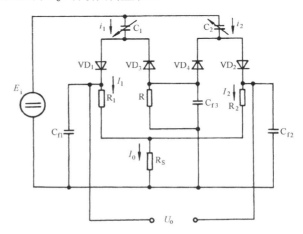

图 9-19　差动电容传感器的测量电路

1,5—定极板；2—壳体；3—弹簧片；4—质量块；6—绝缘体

9.6 图 9-20 是电容式液位计示意图。内圆管的外径为 10mm，外圆管的内径为 20mm，管的高度为 $h_1$ =3m，$h_0$=0.5m，被测介质为油，它的 $\varepsilon_r$=2.3，电容器总电容量 401pF，求液位。若容器的直径为 3m，油的密度 0.8$t$/m³，求容器内油的重量。

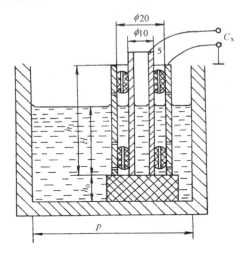

图 9-20　电容式液位计示意图

# 第10章

# 几种常用传感器简介

## 10.1 光导纤维传感器

1970 年美国成功研制出传输损耗为 20dB/km 的石英玻璃光导纤维（又称光学纤维），这是光通信史上一个划时代的贡献。1979 年日本研制成功了传输损耗仅为 0.2dB/km 的光导纤维。由于光导纤维（简称光纤）具有很多优点，因此用它组成的光纤传感器（OFS）解决了许多以前难以解决，甚至是不能解决的技术难题。与常规传感器相比，光纤传感器具有如下特点：

（1）抗电磁干扰能力强：由于光纤传感器是利用光传输信息，而光纤是电绝缘、耐腐蚀的，因此不受周围电磁场干扰；再有，电磁干扰噪声的频率比光波频率低，也对光波无干扰；此外，光波易于屏蔽，所以外界光的干扰也很难进入光纤中。

（2）灵敏度好：很多光纤传感器的灵敏度都优于同类常规传感器。

（3）电绝缘性好：光导纤维一般是用石英玻璃制成的，具有 80kV/20cm 耐高压特性。

（4）重量轻，体积小：光导纤维直径一般仅有几十微米至几百微米，即使加上各种防护材料制成光缆，也比普通电缆小而轻。而且，光纤柔软，可绕性好，可深入机器内部和人体弯曲的内脏进行检测，使光能沿着需要的途径传输。

（5）适于遥控：可利用现有的技术组成遥测网。

### 10.1.1 光导纤维及其分类

#### 1. 光纤的结构

所谓光导纤维是一种传输光信息的导光纤维。它是由石英玻璃或塑料制成的，结构很简单。光纤的基本结构示意图如图 10-1 所示，由导光的芯体玻璃（简称纤芯）和包层组成。纤芯位于光纤的中心部位，其直径约为（5～100）μm。包层可用玻璃或塑料制成。包层的外面常有塑料或橡胶的外套，保护纤芯和包层并使光纤具有一定的机械强度。

光主要在纤芯中传输，光纤的导光能力主要取决于纤芯和包层的性质，即它们的折射率。由于纤芯和包层构成一个同心圆双层结构，所以可保证入射到光导纤维内的光波集中在纤芯内传输。

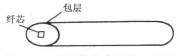

图 10-1 光纤的基本结构示意图

**2．光纤的种类**

光纤的分类方法很多，下面介绍常用的几种分类方法。

（1）按纤芯和包层材料性质分：有玻璃光纤和塑料光纤两大类。

（2）按折射率在纤芯中的分布规律分：有阶跃型多模光纤和梯度型多模光纤两大类。

光纤的种类和光传播形式如图 10-2 所示。

阶跃型多模光纤（折射率固定不变）如图 10-2（a）所示，纤芯的折射率 $n_1$ 分布均匀，不随半径变化，包层内的折射率 $n_2$ 分布也大体均匀。纤芯与包层之间折射率的变化呈阶梯状。在纤芯内，中心光线沿光纤轴线传播，通过轴线平面的不同方向入射的光线（子午光线）呈锯齿形轨迹传播。

梯度型多模光纤（纤芯折射率近似平方分布）如图 10-2（b）所示，纤芯内的折射率不是常数，从中心轴线开始沿径向大致按抛物线规律逐渐减小。因此，采用这种光纤时，当光射入光纤后，光线在传播中连续不断地折射，自动地从折射率小的包层面向轴芯处会聚，使光线能集中在中心轴附近传递，故也称自聚焦光纤。

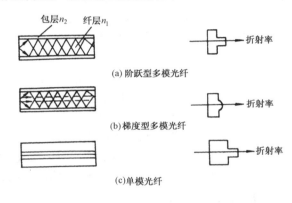

图 10-2　光纤的种类和光传播形式

（3）按传输模式分：有单模光纤和多模光纤两类。

在纤芯内传播的光波，可以分解为沿轴向与沿截面传输的两种平面波成分。沿截面传输的平面波将会在纤芯与包层的界面处产生反射。如果此波每一个往复传输（入射和反射）的相位变化是 $2\pi$ 的整数倍时，可以在截面内形成驻波，这样的驻波光线组又称为"模"。只有能形成驻波的那些以特定角度射入光纤的光，才能在光纤内传播。在光纤内只能传输一定数量的模。当纤芯直径很小，一般为（5～10）μm，只能传播一个模，称为单模光纤，如图 10-2（c）所示。当光纤直径较大，通常为几十微米以上，能传播几百个以上的模，称为多模光纤。单模光纤和多模光纤都是当前光纤通信技术常用的材料，统称为普通光纤维。此外，用于测试技术的光导纤维，往往有些特殊要求，所以又有所谓特殊光纤，例如保持偏振光面光导纤维。

## 10.1.2　光在光导纤维中的传输原理

光在光导纤维中的传输主要利用光的折射和反射现象，特别是光的全反射现象。

### 1. 光的全反射定律

光的反射原理如图 10-3 所示。

光的全反射现象是研究光纤传光原理的基础。如图 10-3（a）所示，根据光传播的理论，光线以较小的入射角 $\varphi_1$（$\varphi_1 < \varphi_c$，$\varphi_c$ 为临界角），从光密媒质（折射率为 $n_1$）射入光疏媒质（折射率为 $n_2$）时，一部分入射光被反射，另一部分光线折射入光疏媒质，折射角为 $\varphi_2$，入射角与折射角之间满足：

$$\sin\varphi_1 = n_2\sin\varphi_2$$

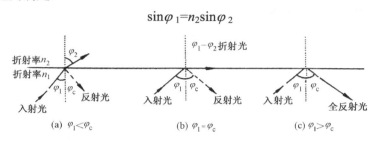

图 10-3 光的反射原理图

根据能量守恒定律，反射光与折射光的能量之和等于入射光的能量。

如图 10-3（b）所示，当逐步加大入射角 $\varphi_1$，直至 $\varphi_1 = \varphi_c$，折射光线会沿着临界面传播。此时 $\varphi_2 = 90°$，临界角 $\varphi_c$ 为

$$\sin\varphi_c = \frac{n_2}{n_1}$$

如图 10-3（c）所示，当继续加大入射角 $\varphi_1$，使得 $\varphi_1 > \varphi_c$，光不再产生折射，只有反射，这种现象称为全反射。

必须强调，只有当 $n_1 > n_2$ 时，在界面上才能发生全反射。光纤工作的基础是光的全反射。

### 2. 光纤的传光原理

各种光纤的传光原理基本相同，下面以阶跃型多模光纤为例进行说明。图 10-4 所示为阶跃型多模光纤的传光原理示意图。

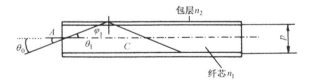

图 10-4 阶跃型多模光纤传光原理示意图

设包层的折射率 $n_2$ 大于纤芯折射率 $n_1$，空气折射率为 $n_0$。当光线从空气中射入光纤的一个端面，并与其轴线的夹角为 $\theta_0$ 时，在光纤内折射角为 $\theta_1$，然后以 $\varphi_1$ 角射至纤芯与包层的界面上。若 $\varphi_1 > \varphi_c$（临界角），则入射的光线就能在界面上产生全反射，并在光纤内部以同样的角度反复逐次全反射向前传播，直至从光纤的另一端射出。因为光纤两端都处于同一媒质中，所以射出角也为 $\theta_0$。在实际应用中，光纤即便弯曲，光也能沿着光纤传播，但是若光纤过分弯曲，以致使光射到界面的入射角小于临界角，那么，大部分光将透过包层损失掉，从而不

能在纤芯内部传播。

需要指出，从空气中射入光纤的光并不一定都在光纤中产生全反射。如光线不能满足临界要求，则这部分光线将穿透包层，称为漏光。

### 10.1.3　光纤传感器的分类应用

由于光纤既是一种电光材料又是一种磁光材料，它与电和磁存在着某些相互作用的效应，因此它具有"传"和"感"两种功能。按照光纤在传感器中的作用，光纤传感器可分为两类：一类是利用光纤本身具有的某种敏感功能的 FF 型（Functional Fiber），简称功能型传感器；另一类是光纤仅仅起传输光波作用，必须在光纤端面加装其他敏感元件才能构成传感器的 NFF 型（Non Functional Fiber），简称非功能型传感器。

#### 1．FF 型光纤传感器

FF 型光纤传感器的原理结构如图 10-5 所示。FF 型光纤传感器主要使用单模光纤，光纤一方面起传输光的作用，另一方面是敏感元件，它是靠被测物理量调制或影响光纤的传输特性，把被测物理量的变化转变为调制的光信号。因此这一类光纤传感器又分为光强调制型、相位调制型、偏振态调制型和波长调制型等。FF 型光纤传感器典型例子有：利用光纤在高电场下的泡克耳效应的光纤电压传感器；利用光纤在法拉第效应下的光纤电流传感器；利用光纤微弯效应的光纤位移（压力）传感器。光纤的输出端采用光敏元件，它所接受的光信号，便是被测量调制后的信号，并使之转变为电信号。

图 10-5　FF 型光纤传感器的原理结构图

由于光纤本身也是敏感元件，因此加长光纤的长度，可以提高灵敏度。这类光纤传感器技术上难度较大，结构比较复杂，调整也较困难。

#### 2．NFF 型光纤传感器

NFF 型光纤传感器的原理结构如图 10-6 所示。在 NFF 型传感器中，光纤不是敏感元件，即只"传"不"感"。它是利用在光纤的端面或在两根光纤中间，放置光学材料及机械式或光学式的敏感元件，感受被测物理量的变化。NFF 型传感器又可分为两种：一种是把敏感元件置于发送、接收光纤的中间，如图 10-6（a）所示，在被测对象参数作用下，或使敏感元件遮断光路，或使敏感无件的光穿透率发生某种变化，于是，受光的光敏元件所接收的光量便成为被测对象参数调制后的信号；另一种是在光纤终端设置"敏感元件+发光元件"的组合体，如图 10-6（b）所示，敏感元件感知被测对象参数的变化，并将其转变为电信号，输出给发光元件（例如 LED），最后光敏元件以发光元件（LED）的发光强度作为测量所得信息。

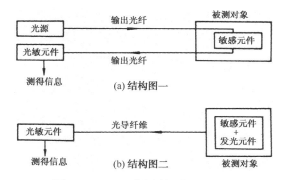

图 10-6　NFF 型光纤传感器原理结构图

由于要求 NFF 型传感器能传输尽量多的光信息，所以应采用多模光导纤维。NFF 型传感器结构简单，可靠性高，技术上容易实现，便于推广应用，但灵敏度比 FF 型传感器低，测量精度也较低。

### 3．光纤传感器的应用

下面以光强调制型光纤传感器为例，介绍光纤传感器的应用原理。

（1）光纤位移和压力传感器：微弯曲损耗的机理是表明光纤微弯对传播光的影响。假如光线在光纤的直线段大于临界角射入界面，即 $\varphi_1 > \varphi_c$，则光线在界面上产生全反射；当光线射在微弯曲段的界面上时，$\varphi_1 < \varphi_c$，这时，一部分光在纤芯和包层的界面上反射，另一部分光则透射进入包层，从而导致光能损耗。基于这一原理研制成光纤微弯曲位移（压力）传感器，如图 10-7 所示。

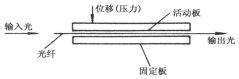

图 10-7　光纤微弯曲位移（压力）传感器原理

光纤微弯曲位移（压力）传感器由两块波形板（变形器）构成，其中一块是活动板，另一块是固定板。波形板一般采用尼龙、有机玻璃等非金属材料制成。一根阶跃型多模光纤（或渐变型多模光纤）从一对波形板之间通过。

当活动板受到微扰（位移或压力作用）时，光纤就会发生周期性微弯曲，引起传播光的散射损耗，使光在芯模中再分配。例如，活动板的位移或所加压力增加时，泄露到包层的散射光随之增加；反之，光纤芯模的输出光强度就减小。光纤芯透射光强度与外力的关系如图 10-8 所示。光强受到了调制，通过检测光纤透射光强度或泄漏出包层的散射光强度就能测出位移（或压力）。

光纤位移或压力传感器的一个突出优点是光功率维持在光纤内部，这样可以避免周围环境的影响，因此适宜在恶劣环境中使用。而且这种传感器结构简单，动态范围宽，线性度较好，性能稳定，是一种有发展前途的传感器。

（2）临界角光纤压力传感器：临界角光纤压力传感器也是一种光强调制型光纤传感器。

如图 10-9 所示，在一根单模光纤的端部切割（直接抛光出来）一个反射面，切割角略小于临界角 $\varphi_c$，$\varphi_c$ 由纤芯折射率 $n_1$ 和光纤端部介质的折射率 $n_3$ 决定，即 $\varphi_c = \sin^{-1}\dfrac{n_3}{n_1}$。若周围介质是气体，则：$\varphi_c \approx 45°$。若入射光线在界面上的入射角是一定的，由于入射角小于临界角，一部分光折射入周围介质，另一部分光则返回光纤，返回的反射光被分束器偏转到光电控测器输出。当被测介质的压力（温度）变化时，将使纤芯的折射率 $n_1$ 和介质的折射率 $n_3$ 发生不同程度的变化，引起临界角发生改变，返回纤芯的反射光强度也就变化。

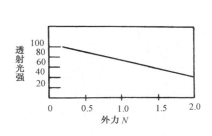

图 10-8　光纤芯透射光强度与外力的关系

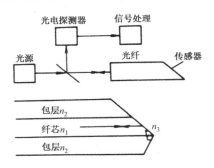

图 10-9　临界角光强调制型光纤传感器

临界角光纤压力传感器的优点是尺寸小，频率响应特性好，其缺点为灵敏度较低。

### 4．光纤传感器应用实例

（1）光纤涡轮流量计。光纤涡轮流量计的原理是：在涡轮叶片上，贴一小块具有高反射率的薄片或镀一层膜，探头内的光源通过光纤把光纤照射在叶片上。当反射片通过光纤入射时，出射光被反射回来，通过另一路光纤接收反射光信号，传送到光电元件上被转换成电信号。这一电信号被接收到计数器上，就可以知道叶片的转速并求出其流量，从而可知流体的流速和流量。

光纤涡轮流量计的结构如图 10-10 所示，它采用 Y 型多膜光纤。由于光纤长度很短，传输损耗可以忽略，为保证接收的光信号最大，要求光源经透镜后以最大光强给光纤，即使得光纤的一个断面位于透镜的焦点上。此外，要求光线入射到光纤的角度和反射光再入射到光纤的入射角度尽量小于 12°，透镜用双胶合透镜，直径 4mm，调整好后接在探头上。采用光电元件将光信号转换成电信号再接到计数器。光纤涡轮流量计测量迅速，不易受电磁和温度干扰，性能稳定，但它只能用来测量透明液体或气体。

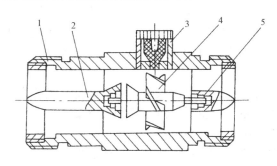

图 10-10　光纤涡轮流量计结构图

1—外壳；2—导流器；3—控测头；4—涡轮；5—轴承

光纤涡轮流量计的测量电路如图 10-11 所示，它由传感器的光电转换电路、施密特整形电路、比例乘法电路、计数测量电路组成。其中，μA725 的同向输入端接的是光电二极管，它将光电流的变化转换成电压的变化。反馈回路中的电容和电阻构成低通滤波器，涡轮每转一周，便有一个脉冲输出。有余运放输出不平滑，用施密特触发器 CD40106 将其整形为方波脉冲，供给后级 CD4527，它是比例乘法电路，用以实现仪表的示值与流量的输出一致。N 为计数器的读数，可以与后续的 7 段码显示电路连接，其中，CD4518 是二-十进制计数电路，CD4055 是译码驱动电路，驱动六位数码显示。

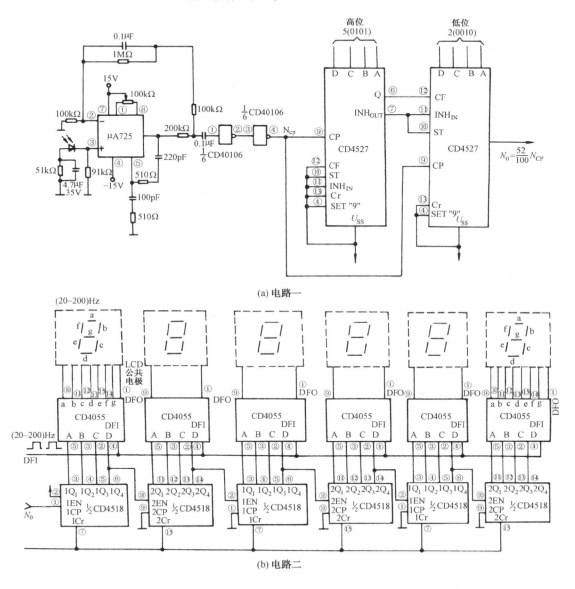

图 10-11　光纤涡轮流量计测量电路图

（2）光纤微位移传感器。光纤的绝缘性好，抗干扰能力强，灵敏度高，可测微小位移，它的灵敏度可达 1μm。图 10-12 为 Y 型光纤微位移传感器原理示意图，其中一根光纤为入射光线，另一根为反射光线，传感器与被测物的反射面在 4.0 mm 之间变化。注意，测量时光纤轴线与被测面应该垂直。

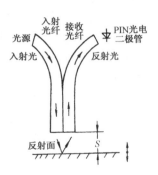

图 10-12　Y 型光纤微位移传感器原理示意图

光纤微位移传感器测量电路如图 10-13 所示。光电二极管将光纤的光强信号转换成电信号，IC$_1$ 实现 I/V 变换，将反射光转换成的电流信号，转换成电压输出，由于信号微弱再经 IC$_2$ 的电压放大，结果送入 A/D 转换器 MC14433，并经显示器显示输出。由 IC$_2$ 放大的结果送入 IC$_3$ 和 IC$_4$ 组成的峰值保持器（因为传感器的电流输出不是单值函数，达最大值时应予以报警），当 IC$_2$ 达到最大输出电压时，电容 C$_M$ 被充电，经比较器 IC$_5$ 输出报警信号，发光二极管 LED 的亮与灭显示测量的近程与远程。

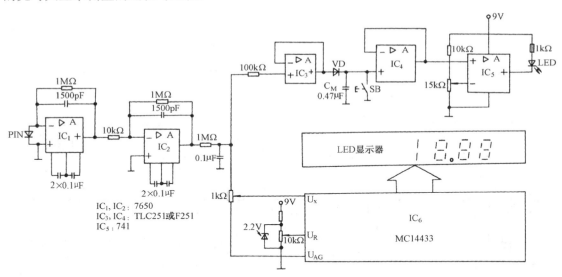

图 10-13　光纤微位移传感器测量电路

### 10.1.4　光纤传感器发展动向

光电子技术获得了极其广泛的应用，同时也推动着 OFS（光纤传感器的英文 Optical Fiber for Sensors 的缩写）的研究开发。OFS 充分利用光纤径细、质轻、抗强电磁干扰、抗腐蚀、耐高温、集信息传感与传输于一体等特点，可研制成种类繁多的传感器。与其他类型传感器相比，它具有检测灵敏度高、响应速度快、动态范围大、结构紧凑灵巧、耐恶劣环境、阻燃防爆、易与各种电路系统接口匹配等诸多优点。

据报道，光纤传感器在国际市场的规模以年均34%的速度增长，目前的总产值约达48.8亿美元。

### 1．特殊处理光纤

对光纤外套包层进行特殊处理，使光纤获得传感需求的某种特性而增敏是OFS较为常用的技术方法，可用于声学、磁场、电场、加速场、电流、压力、位移等干涉型OFS系统。一般采用特殊材料的光纤外套或涂覆敏感材料，提高对所测场所的物理量、化学量的敏感性能。例如，用磁致伸缩材料制作磁敏外套或将光纤黏在扁平矩形磁致伸缩材料片上，磁性材料在磁场作用下，对光纤产生轴向应力，实现对磁场的传感。将光纤夹在波浪形受压板之间，压力通过受压板使光纤产生许多细微的弯曲形变，从而改变在光纤中的传输特性。用Fe-C合金取代光纤原有石英包层，形成一种新的FeC合金腐蚀敏感膜，此膜在腐蚀物质作用下会改变光纤的波导条件，探测其变化即可实现对混凝土结构中钢筋腐蚀的监测。

在光纤拉制时，采取某些措施可以使光纤成为低双折射的光纤、圆双折射或椭圆双折射光纤，满足OFS在偏振特性上对光纤的要求。光纤拉丝时，边拉丝边同轴旋转光纤的预制棒，可制作出自旋性光纤，这种光纤保持极低的线性双折射水平，在磁场和电流测量中很有应用价值。为提高灵敏度，较好的选择是使用圆双折射或椭圆双折射光纤。在光纤拉制过程中，也可绕制成螺旋型（节距约数毫米）光纤，其圆双折射比将光纤成品进行扭转形成的圆双折射提高一个数量级。

### 2．改变光纤结构

通过改变光纤的结构，可制作保偏（偏振保持）和偏振两种工作类型的光纤。采用光纤芯截面为椭圆芯型，在靠近光纤芯处有两个扇形应力区的蝴蝶结型，光纤芯区两边对称位置各有一个圆孔的熊猫型、侧孔型、侧隧型的结构，可制作出保偏光纤。利用保偏光纤研制的各种干涉型OFS日益增多，光纤陀螺仪是用保偏光纤制作传感器的代表性产品。应用研磨去除部分包层的D形截面光纤、中空截面光纤、在中空光纤的空洞中注入低温合金SnIn而成的金属玻璃光纤，可制作具有起偏作用的偏振光纤，这种光纤对外部扰动十分敏感，温度、压力和振动等对其有明显的影响。双芯光纤可制作温度传感器，利用双芯光纤的贴近，不断产生耦合，其输出对弯曲和压力也很敏感。

### 3．稀土掺杂光纤

在光纤中掺入少量稀土金属离子，如钕、钬、铒、镨、铽、铈等或完全使用非氧化物玻璃材料制成的特种光纤，具有新的特性。不同的稀土掺杂的光纤具有相异的特性，掺低浓度钕后，其吸收光谱随温度变化更灵敏，且在600nm处损耗与温度在（-196～125）℃间呈良好的线性关系，可用做分布式温度传感器。掺钬光纤具有非常尖锐的吸收边带，可改进光纤磁量计、电流计等的灵敏度。掺铽或铈离子的光纤具有强旋光特性，掺铒或镨可使光纤具有放大或振荡功能。非氧化玻璃光纤一般采用二次插棒法制备，因玻璃内含成分较多，又称多组分光纤或软玻璃光纤，具有某些特殊的光学特性，如旋光特性，非线性，光损耗大，多用于检测气体或液体浓度的 OFS 或制造特殊的光纤器件。

### 4. 紫外敏感光纤

紫外敏感光纤是利用光纤折射率对紫外光照射具有敏感性而发展起来的一种特殊光纤器件，可用于 OFS、色散补偿器、波分复用器。已研制成功的紫外写入光纤光栅用来提高紫外照射的灵敏度，并适合批量生产。掺锡光纤可降低温度系数及自身损耗，光敏性能优良，灵敏度高，获得实际应用。掺锗光纤、掺硼光纤也有很好的灵敏度，但性能不如掺锡光纤好，尚未实用化。光纤光栅可以构成智能传感网络，用于对被测体的多个参数（应变、温度、应力、裂变等物理量）进行大面积实时综合监测与诊断。

## 10.2 光栅传感器

光栅传感器主要用于对长度和角度的精确测量以及数控系统的位置检测等，具有测量精度高、抗干扰能力强、易于实现动态测量和自动测量以及数字显示等特点，在坐标测量仪和数控机床的伺服系统中有着广泛的应用。

### 10.2.1 光栅传感器的工作原理

#### 1. 计量光栅的理论基础

图 10-14 光栅放大图

（1）光栅的结构和类型：光栅是由很多等节距的透光和不透光的刻线相间排列构成的栅形条纹。光栅放大图如图 10-14 所示。光栅主要特点是：间距小，线条长，大多数情况下线宽等于缝隙宽度。

光栅按工作原理可以分为物理光栅和计量光栅。

物理光栅：其刻线细密，工作原理是建立在光的衍射现象上，可作散射元件进行光谱分析及光波长的测定等。

计量光栅：刻线较物理光栅粗，利用光栅的莫尔条纹现象进行位移精密测量和控制。计量光栅可按图 10-15 进一步分类。

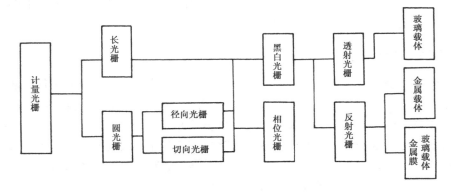

图 10-15 计量光栅的分类

（2）莫尔条纹原理：形成莫尔条纹必须有两块光栅组成：主光栅作标准器，指示光栅作为取信号用。将两块光栅（主、指）相叠合，并且使两者栅线有很小的交角θ，这样就可以看到在近于垂直栅线方向上出现明暗相间的条纹，称为莫尔条纹，其中透光部分（明部）、遮光部分（暗部）是由一系列棱形图线图案构成的。因此可以这样说，莫尔条纹的成因是由两块光栅的遮光和透光效应形成的。莫尔条纹原理如图 10-16 所示。

通常　　　　　　　　　　　　　　$a=b=w/2$

则　　　　　　　　　　　　　　　$B\approx w/\theta$

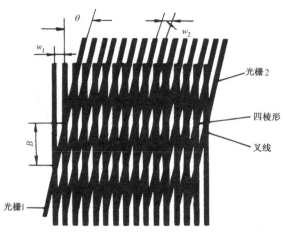

图 10-16　莫尔条纹原理图

$a$—栅线宽度；$b$—栅缝宽度；$w$—光栅栅距；$B$—莫尔条纹间距

### 2．光栅传感器的工作原理

光栅传感器测量位移是利用光闸莫尔条纹原理（如图 10-16）来实现的。光栅传感器主要是由光源 1，透镜 2，节距相等的光栅副 3，4 及光电元件 5 组成，如图 10-17 所示。其中，光源提供光栅传感器的工作能量（光能）；透镜用来将光源发射的可见光收集起来，并将其转换成平行光束送到光栅副；主光栅类似长刻线标尺，也称为标尺光栅，它可运动（或固定不动）；指示光栅固定不动（或运动），其栅距与主光栅相等。

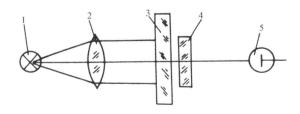

图 10-17　光栅传感器的组成原理

传感器工作时，主光栅和指示光栅的刻线面相对放置，两者之间留有很小的间隙，组成了光栅副，并将其置于光源和透镜所形成的平行光束的光路中。当移动主光栅时，透过光栅副的光作明暗相间的变化，这种作用就如闸门一样，形成光闸莫尔条纹，如图 10-18 所示。

若光源的光强为 $I_T$，且光栅副间隙 $t=0$。当指示光栅不动，主光栅移动到图示各位置时，其光强分别为：（a）位置透光量为 $I_T$；（b）位置透光量为 $\frac{1}{2}I_T$；（c）位置透光量为 0；（d）位置透光量为 $\frac{1}{2}I_T$；（e）位置透光量为 $I_T$。这说明闸光作用与位置成线性关系，亮度变化曲线呈三角形分布，如图 10-19（a）所示。

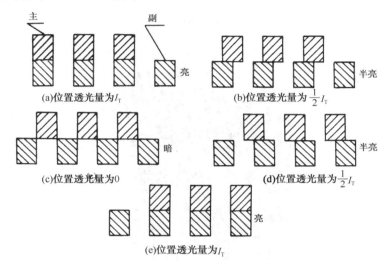

图 10-18    光栅形成莫尔条纹原理

实际上两个光栅间总是存在一定间隙，即 $t \neq 0$，则必有光的衍射作用。再加上刻线边缘总有一定毛刺和不直等因素存在，造成亮度不均，由于这些原因造成三角形被削顶、削底而形成近似正弦波曲线，如图 10-19（b）所示。

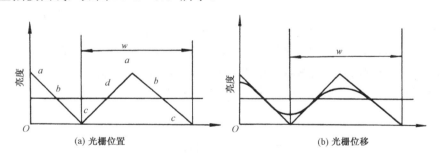

图 10-19    理想光栅亮度变化图

### 3. 莫尔条纹测量位移原理

当光电元件接收到图 10-19（b）所示的明暗相间的正弦信号时，根据光—电转换原理将光信号转换为电信号（电压或电流），此时仍为正弦波，如图 10-20 所示。表征正弦波的各参数分别为：平均输出电压 $U_{CP}$（直流分量）；输出电压峰-峰值 $U_{p\text{-}p}$；输出电压最大值 $U_{max}$；输出电压最小值 $U_{min}$。

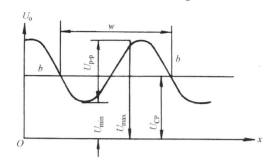

图 10-20　光栅输出信号波形

由图 10-20 可知，当主光栅移动一个栅距 $w$ 时，电信号（光的亮度）正好变化了一个周期。这样光电信号的输出电压 $U_o$ 就可以用光栅位移（$x$）的正弦函数来表示

$$U_o = U_{CP} + \frac{1}{2}U_{P-P}\sin\left(\frac{\pi}{2} + \frac{2\pi}{w}x\right)$$

式中，$x$ 为光栅的相对位置。

由图 10-19 可知，当波形重复到原来的相位和幅值时，相当于光栅移动了一个栅距 $w$，所以，如果光栅相对位移了 $N$ 个栅距，此时位移 $x = Nw$。因此，只要能记录移动过的莫尔条纹数 $N$，就可以知道光栅的位移量 $x$ 的值，这就是利用光闸莫尔条纹测量位移的原理。

所以光电元件输出电压 $U_o$ 的斜率（灵敏度）为

$$\frac{dU_o}{dx} = \frac{1}{2}U_{p-p}\frac{2\pi}{w}\cos\left(\frac{\pi}{2} + \frac{2\pi}{w}x\right) = \frac{\pi U_{p-p}}{w}\cos\left(\frac{\pi}{2} + \frac{2\pi}{w}x\right)$$

可见，当 $\cos\left(\dfrac{\pi}{2} + \dfrac{2\pi}{w}x\right) = 1$ 时，即

$$\frac{\pi}{2} + \frac{2\pi}{w}x = n\pi \quad n=0,\ 2,\ \cdots$$

斜率（灵敏度）$\dfrac{dU}{dx}$ 有最大值，即

$$k_m = \frac{\pi U_{p-p}}{w}$$

此时位移 $x$ 分别为：$\dfrac{1}{4}w, \dfrac{3}{4}w, \dfrac{5}{4}w$。但是，无论光栅向左还是向右移动，莫尔条纹均作明暗交替变化，无法辨别移动方向。为了解决这个问题就需要有两个具有相差的莫尔条纹信号同时输入才能辨别移动方向。通常在 $\dfrac{1}{4}$ 条纹间距位置处再设置两个狭缝 AB 和 CD，如图 10-21 所示。在该位置处再设置两个光电元件，当条纹移动时两个狭缝的亮度变化规律完全一样，但相位差 90°，是滞后还是超前决定于光栅运动方向，这样利用两狭缝相位差便能区别运动方向，这种方法称为位置辨向原理。

AB 与 CD 两个狭缝在结构上相差 90°，所以它们在光电元件上取得的信号必是相位差 90°，AB 为主信号，CD 为门控信号。当主光栅作正向运动时，CD 产生的信号只允许 AB 产生的正脉冲通过，门电路在可逆计数器中作加法运算；当主光栅作反方向移动时，则 CD

产生的负值信号只让 AB 产生的负脉冲通过，门电路在可逆计数器中作减法计数，这样就完成了辨向任务。图 10-22 是这种莫尔条纹辨向的逻辑电路图。若主光栅正向移动，$u'_{os}$ 的上升沿经 $R_1$，$C_1$ 微分后，产生的尖脉冲，正好与 $u'_{oc}$ 的高电平相等，使与门 $IC_1$ 产生计数脉冲，而 $u_{os}$ 经 $IC_3$ 反相后产生的微分脉冲，正好被 $u'_{oc}$ 的低电平封锁，与门 $IC_2$ 无法产生计数脉冲。反之，作减法计数。反向运动的波形图，读者可自己练习分析画出。

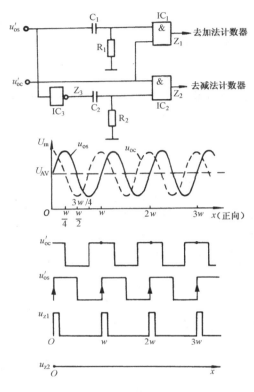

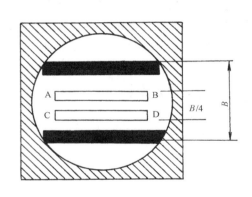

图 10-21　位置辨向原理图　　　　　图 10-22　莫尔条纹辨向逻辑电路图

前面介绍光闸莫尔条纹工作原理时，已经得出位移 $x$ 与扫过的栅距 $w$ 成正比，即

$$x = Nw$$

式中，$N$ 为移动过的栅距数，当 $N=1$ 时，$x = w$，所以测量精度取决于栅距 $w$。为了提高灵敏度，必须使栅距 $w$ 缩小，这就是细分技术。目前经常使用的细分方法有：

（1）增加光栅刻线密度，但受工艺和技术水平的限制；

（2）用电信号进行电子插值，也就是把一个周期变化的莫尔条纹信号再细分，即增大一个周期的脉冲数，称为倍频法。在电子细分中又可分为直接细分、电桥细分、示波管细分和锁相细分等；

（3）机械和光学细分。

图 10-23 是四倍频细分电路，它是在辨向的基础上，将两个信号进一步整形和反向，各得到四个相位依次相差 90° 的方波信号，它们分别经 RC 微分电路，得到尖脉冲信号。在计数器的输出端能得到四个计数脉冲，每一个脉冲表示的是四分之一栅距的位移。这种电路结构复杂，细分数不高。

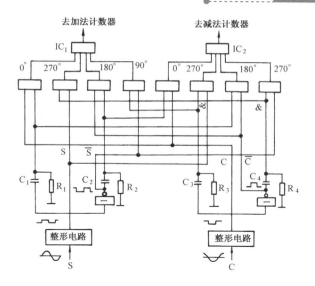

图 10-23 四倍频细分电路

## 10.2.2 光栅传感器的应用

光栅传感器通常作为测量元件应用于机床定位、长度和角度的计量仪器中，并用于测量速度、加速度、振动等数值。计量光栅常用于以下领域中：

（1）数字式光学仪器，如数字万能工具显微镜、光学分度头、比长仪等；

（2）动态测量，如齿轮单面啮合仪等；

（3）标准仪器，如高精度加工机床的长度和角度的标准器具；

（4）模-数转换器，如数控机床的模-数转换器。

# 10.3 半导体集成温度传感器

在半导体器件中，如二级管、三极管，它们的 PN 结的正向电压具有负的温度特性，大约为-2mV/℃。因此，可以使用二极管和三极管作温度敏感元件，如用图 10-24 的 PN 结测温放大电路，可以将 PN 结结电压随被测温度的变化通过电桥输出给放大器，得到输出电压 $U_0$。

目前，已有将半导体 PN 结和相应的匹配电路、放大、输出等电路集成，并用激光作线性修正的半导体集成温度传感器。如 AD590，它接受环境温度的变化，转换成电流输出。它的体积小，线性度好，稳定性高，抗电压干扰能力强，配用电路简单，灵敏度达 1μA/K（K 是热力学温度单位），信号可长线传输，是工业测量中温度在-55℃～+150℃的首选传感器。

图 10-25 是 AD590 的测温电路，其灵敏度可达 0.1V/℃。

此外，利用两个 AD590 可以实现温差的测量，测量电路如图 10-26 所示。

图 10-27 是 AD590 的简单温度控制电路。加热元件被加热到一定温度，AD590 也感受相同的温度变化，利用 AD311 的电压比较作用控制 $VT_1$，$VT_1$ 的导通。图中 RP 可用于温度变化的调节。

129

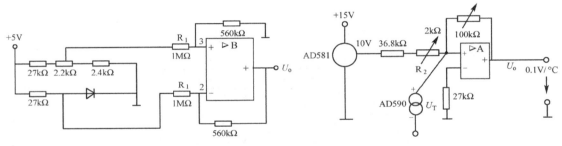

图 10-24　PN 结测温放大电路　　　　　　　图 10-25　AD590 的测温电路

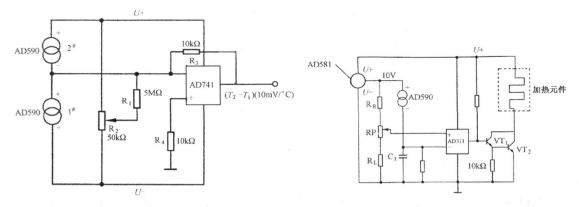

图 10-26　AD590 的温差测量电路　　　　　图 10-27　AD590 的简单温度控制电路

此外，还有其他类型的半导体集成温度传感器，有的还带有与微机联接的串行接口，广泛用于-50℃～+150℃的温度测量。

 ## 思考题

10.1　说明光纤的结构和特点。

10.2　以阶跃型多模光纤为例，说明光纤的传光原理。

10.3　简要说明光纤传感器发展的新动向。

10.4　简要说明光栅的分类。

10.5　简要说明光栅传感器的结构。

10.6　说明光栅式传感器辨向与细分技术应用的目的。

# 第11章

# 传感器与微机接口技术

在检测系统中，各种被测信号如温度、压力等经传感器转化成电量后通常还需要经过一定的通道输入微机进行进一步的处理，这一通道就称为传感器接口或输入通道，也称前向通道。经微机处理后的数据经过一定的通道输出给控制或显示分析设备，这一通道又称为控制接口或输出通道，也称后向通道。

本章将详细讲述输入通道的基本知识、模拟输入通道的建立及输入通道所用到的主要器件，如 A/D 转换器、模拟开关、采样保持器等。

## 11.1 概述

传感器接口是传感器与微机的接口和桥梁。传感器接口的主要作用是将传感器输出的模拟量转化成微机所需要的数字量。

### 11.1.1 传感器接口的结构和类型

传感器接口的类型主要由传感器输出信号的类型和大小所决定。由于传感器的输出信号具有多种形式，因此传感器接口的结构也具有多样性。

当传感器输出信号为模拟电压，且数值足够大，能满足 A/D 转换的输入要求时，则可直接送入 A/D 转换器，然后进入微机，也可以通过 U/F 转换变为频率量送入微机。后一种方法抗干扰能力强，但测量响应速度慢，适用于远距离非快速过程参数的测量。若传感器输出的模拟电压信号较小，则应先经过放大。

当传感器输出信号为电流时，首先应经过 I/V 变换，将电流信号转换为电压信号，然后按上述电压信号处理。最简单的 I/V 变换器是一个精密电阻，当电流信号通过精密电阻时，其端电压与电流成正比关系。

对于频率信号，若符合 TTL 电平，可直接输入微机；若信号电平较低，则要经过放大和整形后再进入微机。

对于开关信号，若符合 TTL 电平，可直接输入微机；若不符合 TTL 电平，则要经过放大、变换和整形后再进入微机。

按照图 11-1 所示的输入通道的结构类型情况，可以把输入通道分为模拟量输入通道和数字量输入通道两大类，本书只讨论模拟量输入通道的情况。

图 11-1 表示的是单个输入信号的输入通道结构类型。当输入信号有多个（如多点巡回检测）时，一台微机要对它们实行分时采样，这时需要在输入通道的某个适当位置配置多路模拟开关。另外，当模拟量变化较快时，在 A/D 转换之前要接入采样保持器，这样会使输入通道的结构更为复杂。关于多路信号输入通道的结构类型，本章后面部分将有所涉及。

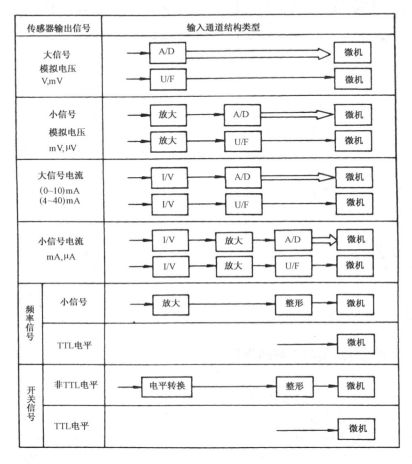

图 11-1　输入通道的结构类型

## 11.1.2　输入通道的特点

（1）输入通道的结构类型取决于传感器送来的信号数量、类型和电平。由于被测量和信号转换的差异，输入通道会有不同的类型。

（2）输入通道的主要技术指标是信号转换精度和实际性，后者为实时检测和控制系统的特殊要求。对输入通道技术指标的要求是选择通道中有关器件的依据。

（3）输入通道是一个模拟、数字信号混合的电路，其功耗小，一般没有功率驱动要求。

（4）被测信号所在的现场可能存在各种电磁干扰。这些干扰会与被测信号一起从输入通道进入微机，影响测量和控制精度，甚至使微机无法正常工作，因此在输入通道中必须采取抗干扰措施。

### 11.1.3 输出通道的结构和类型

输出通道连接微机与各种被控装置。被控装置要求的控制信号有数字量（包括开关量和频率量）和模拟量两类信号，而微机输出的是数字信号。根据微机输出信号形式和被控装置的特点，输出通道的结构和类型如图 11-2 所示。

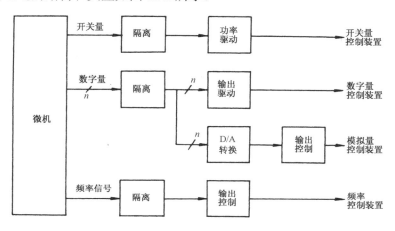

图 11-2　输出通道的结构和类型

### 11.1.4 输出通道的特点

（1）通道的结构取决于系统要求，其中的信号有数字量和模拟量两大类，要用到的转换器件是 D/A 转换器。

（2）微机输出信号的电平和功率都很小，而被控装置所要求的信号电平和功率往往比较大，因此在输出通道中要有功率放大，即输出驱动环节。

（3）输出通道连接被控装置的执行机构，各种电磁干扰会经通道进入被控装置，因此必须在输出通道中采取抗干扰措施。

## 11.2 多路模拟开关和采样保持器

多路模拟开关（简称多路开关）和采样保持器是微机系统输入通道中的两种常用器件。本节将简单介绍它们的结构原理和常用芯片。

### 11.2.1 多路模拟开关

在微机检测和控制系统中，可能有几个、几十个甚至更多的被测模拟量。当对它们进行巡回检测时，为了节省 A/D 转换器和 I/O 接口，通常需要使用换接开关。

多路模拟开关可分为两大类,第 1 类是机械触点式开关,如电磁继电器、干簧管继电器等。这类开关的优点是触点接通电阻小,断开电阻大,驱动部分与开关元件分离;缺点是动作速度慢,触点通断时产生抖动,寿命较短。第 2 类是电子式开关,包括晶体管、场效应管、光电耦合器和集成电路等模拟开关。其优点是开关速度快,体积小,功耗低;缺点是有一定导通电阻,驱动部分与开关元件不完全分离。在速度要求较高的多路转换场合,应采用电子式开关。COMS 型集成电路开关元件就是一种多路模拟开关。

### 1. 结构和工作原理

图 11-3 所示为一个 8 通道多路开关的结构示意图。图中 $S_1 \sim S_8$ 端可接 8 路输入信号,OUT 为公共输出线,EN 为允许端,$A_2 \sim A_0$ 为地址线。当 EN-1,$A_2 A_1 A_0$-000~111 时,经过译码和驱动电路,使开关 $S_1 \sim S_8$ 其中之一相应接通。由于片内有电平转换电路,所以逻辑输入端的信号电平与 TTL 和 CMOS 电平兼容。

### 2. 常用芯片

多路开关有 8 选 1、16 选 1、双 8 选 1、双 4 选 1 等类型,有的多路开关还具有双向导通功能。下面介绍几种常用芯片。

(1)AD7501:是 8 通道多路开关,图 11-4 为其引脚图。电源端 $V_{CC}$,$V_{SS}$ 接±15V。EN 为输出允许端,高电平有效,$A_2 A_1 A_0$ 为通道选择端。

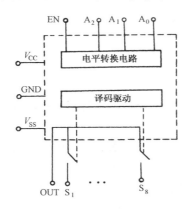

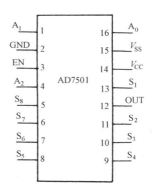

图 11-3　多路开关结构示意图　　　　图 11-4　AD7501 引脚图

表 11-1 是 AD7501 的功能表。AD7501 的导通电阻为（170~300）Ω,开关断开的漏电流为（0.2~2）μA。AD7503 也是 8 通道多路开关,与 AD7501 的区别只是 EN 为低电平有效。AD7502 是双 4 通道多路开关。这些都是单向开关,导通方向只能从多路到 1 路。

(2)CD4051:是 8 通道双向多路开关,国产型号为 CC4051 或 5G4051。图 11-5 所示为 CD4051 引脚图。

使用时,$V_{CC}$ 接+5V,$V_{SS}$ 接地。$V_{EE}$ 作电平位移用,当 $V_{EE}$=-5V 时,可传送-5V~+5V 的模拟信号;当只传送正电压信号时,$V_{EE}$ 接地。传送的模拟信号峰-峰最大值为 15V。INH 为禁止端,当 INH=0 时,允许开关选通工作;当 INH=1 时,开关均断开。INH 的信号允许幅值为（3~15）V。A,B,C 为地址选通线（A 为低位）,也是通过 3/8 译码来选通某一路。

其功能表与表 11-1 相似。

表 11-1 AD7501 功能表

| EN | $A_2A_1A_0$ | 接通通道 |
|---|---|---|
| 1 | 000 | 1 |
| 1 | 001 | 2 |
| ... | ... | ... |
| 1 | 111 | 8 |
| 0 | ××× | 无 |

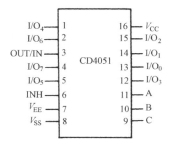

图 11-5 CD4051 引脚图

CD4051 的导通电阻为（180～400）Ω，漏电流为（0.01～100）nA。它的主要特点是具有双向传送功能，即信号可以从 8 路（IN/OUT 端）到 1 路（OUT/IN）传送，也可以从 1 路到 8 路传送。

（3）CD4066：是四路双向开关，其引脚图如图 11-6（a）所示。这些引脚除电源以外，共分为 4 组。在每一组中，A 和 B 是开关的两端，C 是控制端，图 11-6（b）为开关示意图。当 C 端为高电平时，开关双向导通；当 C 端为低电平时，开关呈高阻状态。

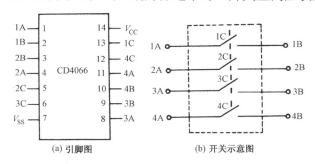

图 11-6 CD4066 双向开关引脚及示意图

双向开关在功能上不同于上面所述的多路开关，它的各个开关是相互分离的。CD4066 能作为 4 个相互独立的单刀单掷开关使用，而两个单刀单掷开关能接成一个单刀双掷开关。

## 11.2.2 采样保持器

### 1. 工作原理

A/D 转换芯片完成一次转换需要一定的时间。当被测量变化很快时，为了使 A/D 芯片的输入信号在转换期间保持不变，需要应用采样保持器。采样保持器工作示意图如图 11-7 所示，图中每一采样值被保持到下一次采样为止。在进行快速、高精度检测时，采样保持器的作用是十分重要的。

图 11-8 所示为采样保持器结构图，它由输入输出缓冲放大器 $A_1$ 和 $A_2$、保持电容器 $C_H$ 以及受模式控制信号控制的开关 S 等组成。

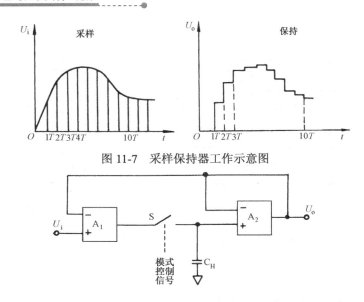

图 11-7　采样保持器工作示意图

图 11-8　采样保持器结构图

采样保持器有采样模式和保持模式两种运行模式，由模式控制信号控制。在采样模式下，开关闭合，$A_1$是高增益放大器，其输出对 $C_H$ 快速充电，很快地使 $C_H$ 上电压和输出电压 $U_o$ 跟踪 $U_i$ 的变化，即增益为 1。在保持期间，开关断开，由于 $A_2$ 输入阻抗很高，$C_H$ 上电压保持充电电压的终值，也就是使采样保持器的输出保持在发出保持命令时的输入值。

### 2．主要技术参数

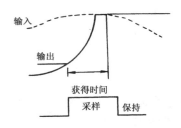

图 11-9　采样保持器的获得时间

（1）获得时间：采样保持器从开始采样到输出达到精度指标之间的时间，称为获得时间（或捕捉时间），如图 11-9 所示。它与保持电容器的充电时间常数、放大器的响应时间和保持电压的变化幅度有关。保持电容 $C_H$ 或保持电压变化的幅度越大，获得时间也越长。

（2）孔径时间：在采样保持器中，模式控制开关有一定的动作时间。从发出保持命令到开关完全断开所经过的时间称为孔径时间。由于孔径时间的存在，使得实际保持电压与希望保持电压之间产生一定误差，这一误差称为孔径误差。孔径误差大小与孔径时间以及模拟信号变化率有关。孔径时间限制了输入信号的最高频率。

（3）保持电压的衰减率：在保持期内，由于保持电容器的漏电流以及其他杂散漏电流的存在，使保持电压稍有下降，用衰减率作为其衡量指标。

（4）馈送：由于输入端与输出端之间分布电容的作用，在保持模式下输入电压的变化可能引起输出电压的微小变化。馈送指标用这两个电压的变化比来衡量。

### 3．常用芯片

采样保持器集成芯片分为通用、高速、高分辨率三种类型，下面介绍一种常用的通用型采样器 LF398。

LF398 是美国国家半导体公司生产的一种廉价采样保持器芯片，也是我国国产总线模块式测控计算机的输入、输出功能模块中使用最多的一种采样保持器。LF398 结构框图如图 11-10 所示。保持电容 $C_H$ 外接，参考电压端一般接地。当逻辑输入为高电平（⑦脚接地，⑧脚电平高于 1.4V）时，LF398 工作于采样模式。当逻辑输入为低电平（⑧脚接地）时，LF398 工作于保持模式，图 11-10 中有交直流调零电路。

　　保持电容 $C_H$ 应选用涤沦电容，以减小电容漏电流。确定 $C_H$ 的大小应综合考虑各种因素，当 $C_H$ 减小时，能减小获得时间，但会增加输出电压衰减率。LF398 应能接入直流调零和交流调零环节，典型接线图如图 11-11 所示。直流调零方法是先使（$R+RP_1$）上通过的电流为 0.6mA 左右，当 $U_i=0$ 时调节 $RP_1$ 滑动点，$U_o=0$ 交流调节（即保持阶跃调零）利用 $RP_1$，调节此电位器滑动点，使在 5V 逻辑信号作用下（$C_H=0.01\mu F$），保持信号阶跃小于 2.5mV（允许最大值）。

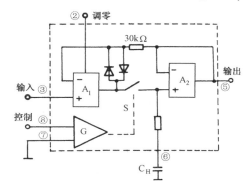

图 11-10　LF398 结构框图

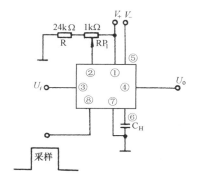

图 11-11　典型接线图

LF398 的主要技术特点：
（1）电源电压范围为±5～±18V；
（2）逻辑输入电平与 TTL，CMOS 兼容；
（3）输出电压下降率<5mV/min（$C_H=1\mu F$）；
（4）孔径时间为（150～200）ns；
（5）馈送衰减比为 90dB（输入信号频率 1kHz，$C_H=0.01\mu F$）；
（6）电源电压抑制比为 110dB（$U_o=0$ 时）。

　　在采样保持器的实际使用中，还应注意印制电路板布线，力求减小保持电容器与逻辑信号或输入信号之间的寄生电容，减小信号的漏电影响。

## 11.3　A/D 转换接口

　　通常所说的 A/D 转换器是指将模拟信号进行量化、编码，转换为 $n$ 位二进制数字量信号的集成电路。实际上，量化、编码是在转换过程中同时完成的，并无明显界线。根据 A/D 转换原理和特点的不同，可把它分成两大类：直接 A/D 转换（直接 ADC）和间接 A/D 转换（间接 ADC）。直接 ADC 是将模拟电压直接转换成数字代码，较常用的有逐次逼近式 ADC、计数式 ADC 和并行转换式 ADC 等。间接 ADC 是将模拟电压先变成中间变量，如脉冲周期 $T$、脉冲频率 $f$、脉冲宽度 $\tau$ 等，再将中间变量变成数字代码，较常见的有单积分式、双积分式

ADC，U/F 转换式 ADC 等。上述各种 ADC 各有优点，以计数式 ADC 最简单，但转换速度慢。并行转换式 ADC 速度最快，但成本最高。逐次逼近式 ADC 转换速度和精度都比较高，且比较简单，价格不高，所以在微型机应用系统中最常用。积分式特别是双积分式 ADC 转换精度高，抗干扰能力强，但转换速度慢，一般应用在要求精度高而速度不高的场合，例如测量仪表等。U/F 转换式 ADC 在转换线性度、精度、抗干扰能力和积分输入特性等方面有独特的优点，且接口简单，占用计算机资源少，缺点也是转换速度低，目前在一些输出信号动态范围较大或传输距离较远的低速模拟输入通道中，获得了越来越多的应用。

本节只对单片集成 ADC 电路中应用最广的逐次逼近式 ADC 的转换原理予以简单介绍。

### 11.3.1　逐次逼近式 ADC 的工作原理

逐次逼近式 ADC 工作原理的基本特点是：二分搜索，反馈比较，逐次逼近。它的基本原理与生活中的天平称重极为相似。

利用一套标准的"电压砝码"，这些"电压砝码"的大小相互间成二进制关系。把这些已知的"电压砝码"由大到小接连与未知的被转换电压相比较，并将比较结果以数字形式送到逻辑控制电路予以鉴别，以便决定"电压砝码"的去留，直至全部"电压砝码"都试过为止。最后，所有留下的"电压砝码"加在一起，便是被转换电压的结果。

逐次逼近式 ADC 的工作原理可用图 11-12 表示。它由电压比较器 $A_V$、D/A 转换器、逐次逼近寄存器、控制逻辑和输出缓冲锁存器等部分组成。当出现启动脉冲时，逐次逼近寄存器和输出缓冲器清零，故 D/A 转换器输出也为零。当第一个时钟脉冲到来时，寄存器最高位置 1，这时 D/A 输入为 100…0，其转换输出电压 $U_f$ 为其满刻度值的一半。它与输入电压进行比较，若 $U_f < U_i$，则该位的 1 被保留，否则被清除。然后寄存器下一位再置 1，再比较，决定去留……直到最低位完成同一过程，便发出转换结束信号。此时，寄存器从最高位到最低位都试探过一遍的最终值便是 A/D 转换器的输出结果。

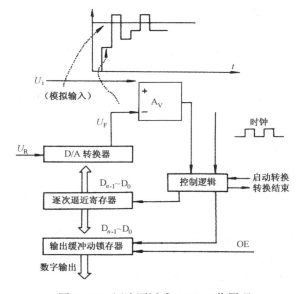

图 11-12　逐次逼近式 ADC 工作原理

上述工作过程可用图 11-13 逐次逼近原理形象地表示出来（以三位 ADC 为例）。由图 11-13 可见，三位 ADC 转换一个数需要 4 拍，即 4 个时钟脉冲。一般说来，*n* 位 ADC 转换一个数需要 *n*+1 个时钟脉冲。如果知道时钟脉冲频率，就不难求出这种转换器的转换时间。要说明的是，若把将转换结果送入输出缓冲锁存器的这个节拍也算在内，则需要 *n*+2 个时钟脉冲。

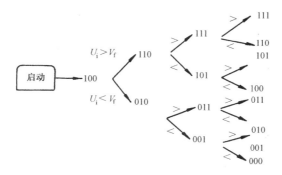

图 11-13　逐次逼近原理

## 11.3.2　ADC **的性能参数**

ADC 最主要的性能参数有四项：分辨率、转换精度、转换时间和温度系数。

### 1．分辨率

分辨率是 ADC 对输入模拟电压微小变化响应能力的度量。对于 ADC 来说，它是数字输出的最小有效单位（LSB）所对应的模拟输入电压值或者是相邻两个量化电平的间隔，即量化当量 $q=\dfrac{1}{2^n}U_{fs}$，$U_{fs}$ 是输入电压的满刻度值，*n* 是 A/D 转换器的位数。例如，10 位转换器的分辨率为满刻度值的 1/1024，若 $U_{fs}$=10V，则分辨率为 $\dfrac{10V}{1024}\approx0.01V$。

由于分辨率与 A/D 转换器输出的二进制位数或 BCD 码位数 *n* 有直接关系，所以习惯上也常以位数来表示。

### 2．转换精度

转换精度是指实际 A/D 转换器与理想 A/D 转换器的接近程度，通常用误差来表示。

（1）绝对精度：是指对于一个给定的数字量输出，其实际上输入的模拟电压值与理论上应输入的模拟电压值之差。如理论上应输入 5V 电压才能转换成数字量 800H，但实际上输入 4.997V～4.999V 都将转换成数字量 800H，因此绝对误差应是

$$(4.997+4.999)/2-5=-2（mV）$$

（2）相对精度：是指在整个转换范围内，任一个数所对应的实际模拟输入电压与理论模拟输入电压的差。相对精度也称线性度，线性度曲线如图 11-14 所示，它与传感器的线性度相同。

图 11-15 给出了 3 位 A/D 转换器的理想转换曲线，它是一个匀称的阶梯函数。除 0V 之外，有 7 个量化电平，它们的间隔都是一个最小有效单位 1LSB。

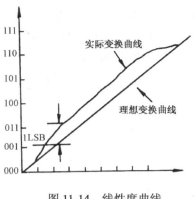

图 11-14　线性度曲线

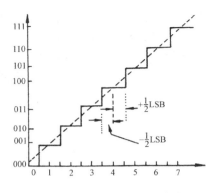

图 11-15　3 位 A/D 理想转换曲线

　　ADC 的转换误差来源于两个方面：数字误差和模拟误差。数字误差基本上就是量化误差，主要由分辨率决定，即由 ADC 的位数决定，是一种原理性误差，只能减小，无法消除。模拟误差又称为设备误差。量化引起的原理性误差可以通过增多位数来减小，但当量化误差减小到一定程度时，转换器精度主要由设备引起的模拟误差所决定。到了这时，再增加位数，减小量化误差，对于提高精度已没有意义了，反而只会增加电路的复杂性和延长完成转换的时间。

### 3．转换时间

　　转换时间是指完成一次 A/D 转换所需的时间，即从输入转换启动信号开始到转换结束所经历的时间。转换时间的倒数称为转换速率。

### 4．温度系数

　　温度系数表示 A/D 转换器受环境温度影响的程度，一般用环境温度变化 1℃所产生的相对转化误差来表示。

## 11.3.3　常用 A/D 转换器

　　目前市场上 A/D 转换芯片种类很多，其内部功能、转换速度、转换精度都有很大差别，但无论哪种芯片，都必不可少地要包括以下四种基本信号引脚端：模拟信号输入端（单极性或双极性）、数字量输出端（并行或串行）、转换启动信号输入端、转换结束信号输出端。除此之外，各种不同型号的芯片可能还会有一些其他各不相同的控制信号端。

　　下面介绍几种常用的 A/D 转换器。

### 1．ADC 0808/0809

　　ADC 0808/0809 是美国 NS 公司生产的 8 位 8 通道 A/D 转换芯片，其性能指标不是太高，但价格低廉，且便于与微机相连，所以应用十分广泛。

　　（1）主要技术指标和特性：

　　● 分辨率：8 位；

● 总的不可调误差：ADC 0808 为 $\pm\dfrac{1}{2}$ LSB，ADC 0809 为 $\pm1$ LSB；

● 转换时间：取决于芯片时钟频率，如 CLK=500kHz 时，TCONV=128μs；

● 供电电源：+5V 单一电源；

● 模拟输入电压范围：单极性 0~5V；双极性 $\pm5$V，$\pm10$V（需外加分压电路）；

● 启动控制信号为正脉冲，上升沿使所有内部寄存器清零，下降沿开始 A/D 转换；

● 输出电平与 TTL 电平兼容。

（2）内部结构：如图 11-16 所示，ADC 0808/0809 的内部结构共分三部分：8 通道选择开关、8 位 A/D 转换器、三态数据输出锁存器。

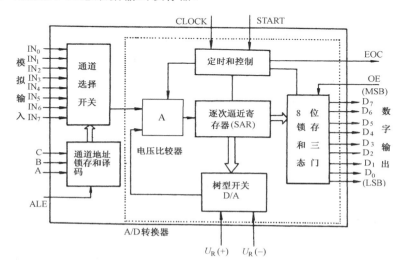

图 11-16 ADC 0808/0809 结构框图

ADC 0808/0809 内部具有通道选择开关，通过地址译码可选择 8 路模拟输入中的一路进行转化。8 位 A/D 转换器为逐次逼近式，由树型模拟开关、电压比较器、逐次逼近寄存器、定时和控制逻辑组成。三态输出锁存器用来保存 A/D 转换结果，当输出允许信号 OE 有效时，打开三态门输出 A/D 转换结果。

（3）引脚功能：

图 11-17 为 ADC 0808/0809 的引脚图，说明如下。

● $IN_0$~$IN_7$——8 路模拟信号输入端。

● $D_0$~$D_7$——数字量输出端，D0 为最低有效位（LSB），D7 为最高有效位（MSB）。

● C,B,A——模拟输入通道选择地址信号，A 为低位，C 为高位。地址信号与选中通道的对应关系如表 11-2 所示。

● UR（+），UR（-）——正、负参考电压输入端，用于提供片内 DAC 电阻网络的基准电压。在单极性输入时，UR（+）=5V，UR（-）=0V；双极性输入时，UR（+），UR（-）分别接正、负极性的参考电压。

● ALE——地址锁存允许信号输入端，高电平有效。当此信号有效时，使 A，B，C 三位地址信号被锁存、译码并选通对应模拟输入通道。

- START——A/D 转换启动信号，正脉冲有效。加于该端的脉冲的上升沿使逐次逼近寄存器清零，下降沿开始 A/D 转换。如正在进行转换时又接到新的启动脉冲，则原来的转换进程被中止，重新开始转换。

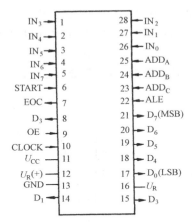

图 11-17   ADC 0808/0809 引脚图

表 11-2   地址信号与选中通道对应关系表

| 地 址 | | | 选中通道 |
|---|---|---|---|
| C | B | A | |
| 0 | 0 | 0 | $IN_0$ |
| 0 | 0 | 1 | $IN_1$ |
| 0 | 1 | 0 | $IN_2$ |
| 0 | 1 | 1 | $IN_3$ |
| 1 | 0 | 0 | $IN_4$ |
| 1 | 0 | 1 | $IN_5$ |
| 1 | 1 | 0 | $IN_6$ |
| 1 | 1 | 1 | $IN_7$ |

- EOC——转换结束信号，高电平有效。A/D 转换过程中为低电平，其余时间为高电平，当转换结束时产生一正跳变。该信号可作为被 CPU 查询的状态信号，也可作为对 CPU 的中断请求信号。在需要对某个模拟量不断采样、转换的情况下，EOC 也可作为启动信号反馈到 START 端，但需由外加电路进行第一次启动。
- OE——输出允许信号，高电平有效。当微处理机送出该信号时，ADC 0808/0809 的输出三态门被打开，使转换结果通过数据总线被读走。在中断工作方式下，该信号往往为 CPU 发出的中断响应信号。

（4）工作时序与使用说明：ADC 0808/0809 的工作时序如图 11-18 所示。

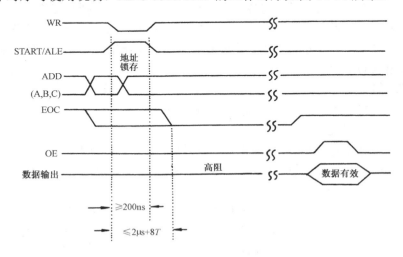

图 11-18   ADC 0808/0809 工作时序图

当通道选择的地址有效时，只要 ALE 信号一出现，地址便马上被锁存，这时转换启动信号紧随 ALE 信号之后（或与 ALE 同时）出现。START 端的上升沿将逐位逼近寄存器 SAR 复位，在该上升沿之后的 2μs 加 8 个时钟周期内，EOC 信号将变为低电平，以指示转换操作正在进行中，直到转换完成后 EOC 再变成高电平。微处理器接到变高的 EOC 信号后，便立即送出 OE 信号，打开三态门，读取转换结果。

### 2. AD574A

AD574A 是美国 AD 公司生产的 12 位逐次逼近式 A/D 转换芯片。它分 AD574AJ，AK，AL，AS，AT，AU 六个等级，除线性度及其他某些特性因等级不同而异外，主要性能指标和工作特点是相同的。

（1）主要性能指标和特点：

- 分辨率：12 位；
- 非线性误差：±1LSB 或 ±1/2LSB（因等级不同而异）；
- 电压输入范围：单极性（0～+10V），（0～+20V），双极性 ±5V，±10V；
- 转换时间：（15～35）μs，典型值为 25ms；
- 供电电源：+5V，±15V；
- 启动转换方式：电平式（低电平有效），整个转换期间必须维持低电平不变；
- 温度范围：AJ，AK，AL 为（0～70）℃；AS，AT，AU 为（-55～+125）℃；
- 无需外加时钟；
- 片内有基准电压源，可外加 $U_R$，也可通过将 $U_o$（R）与 $U_i$（R）相连而自己提供 $U_R$，内部提供的 $U_R$ 为（10.00±0.1）V（max），可供外部使用，其最大输出电流为 1.5mA。
- 可进行 12 位或 8 位转换；12 位输出可一次完成，也可两次完成（先输出高 8 位，后输出低 4 位）。

（2）内部结构：

图 11-19 为 AD574A 的结构框图。它由数字芯片和模拟芯片两大部分组成，模拟部分主要由 12 位 D/A 转换器 AD565 和 10V 基准电压源组成；数字部分包括高性能比较器、逐次逼近寄存器、时钟电路、控制逻辑电路和三态输出缓冲器等。其中 12 位三态输出缓冲器分成独立的 A，B，C 三段，每段 4 位，目的是便于与各种字长微处理机的数据总线直接相连。

（3）引脚功能：

图 11-19 已给出了 AD 574A 各引脚形式，下面具体说明。

- 12/$\overline{8}$——输出数据方式选择信号。当接高电平时，输出 12 位数据；当接低电平时，是将转换输出的数据分成两个 8 位数据分别输出。
- A0——转换数据长度选择信号。当 A0 为低时，进行 12 位转换；A0 为高时，进行 8 位转换。
- $\overline{CS}$——片选信号，低电平有效。
- CE——芯片允许信号，高电平有效。只有当 CE 为高电平，$\overline{CS}$ 为低电平时，芯片才能正常工作。
- R/$\overline{C}$——读或转换选择信号。当它为高电平时，可将转换后数据读出；为低电平时，启动转换。

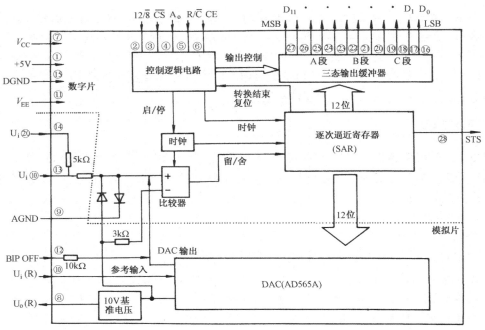

图 11-19　AD574A 结构框图

CE 和 $\overline{CS}$，$12/\overline{8}$，$A_0$ 信号配合进行操作的控制情况如表 11-3 所示。

表 11-3　AD574A 控制信号表

| CE | $\overline{CS}$ | $R/\overline{C}$ | $12/\overline{8}$ | $A_0$ | 操 作 内 容 |
|---|---|---|---|---|---|
| 0 | × | × | × | × | 无操作 |
| × 1 | 1 | × | × | × | 无操作 |
| 1 | 0 | 0 | × | 0 | 启动一次 12 位转换 |
| 1 | 0 | 0 | × | 1 | 启动一次 8 位转换 |
| 1 | 0 | 1 | +5V | × | 并行读出 12 位 |
| 1 | 0 | 1 | DGND | 0 | 读出高 8 位（A 段和 B 段） |
| 0 | 1 | 1 | DGND | 1 | 读出 C 段低 4 位 |

- $V_{CC}$——正电源，其范围为+13.5V～+16.5V。
- $V_{EE}$——负电源，其范围为-13.5V～-16.5V。
- AGND——模拟地。
- DGND——数字地。
- $U_i$（R）——参考电压输入端。
- $U_o$（R）——+10.00V 参考电压输出端，具有 1.5mA 的带负载能力。
- BIP OFF——双极性偏移端，用于极性控制。单极性输入时接模拟地（AGND），双极性输入时接 Uo（R）端。
- $U_i$（⑩）——单极性（0～+10）V 范围输入端，双极性±5V 范围输入端。

● $U_i$（⑳）——单极性（0～+20）V 范围输入端，双极性±10V 范围输入端。

● STS——转换状态输出端，只在转换进行过程中呈现高电平，转换一结束立即返回到低电平。可通过检测此端电平变化，来判断转换是否结束，也可利用它产生 IRQ 信号，向 CPU 申请中断。

（4）工作时序：

AD574A 的工作时序分为启动转换和读取数据两个部分，如图 11-20 所示。

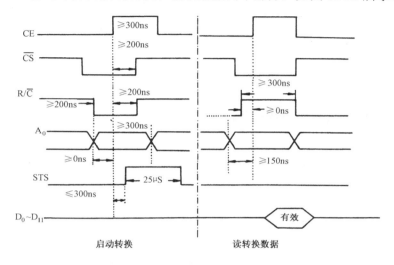

图 11-20　AD574A 的工作时序

● 启动转换：当 $\overline{CS}$=0，CE=1 且 R/$\overline{C}$=0 时，才能启动转换。图中 $\overline{CS}$ 和 R/$\overline{C}$ 先变为低电平，然后使 CE 变为高电平启动转换。实际上 CE，$\overline{CS}$ 两者中哪一个后出现，就认为是该信号启动了转换。无论用哪一个启动转换，都应使 R/$\overline{C}$ 信号超前其 200ns 变为低电平。在转换期间 STS 一直保持高电平，转换完成时变低。

● 读取数据：当 $\overline{CS}$=0，CE=1 且 R/$\overline{C}$=1 时，才能读取转换结果，12/$\overline{8}$ 决定输出数据的格式。图中 CE 作为读允许信号，A0 作为输出数据格式控制信号，必须超前 CE（读允许信号）150ns 才有效。

（5）使用方法：

AD 574A 有单极性和双极性两种模拟输入方式。由于芯片内部的输入回路具有变量程电阻，因此 AD 574A 具有四种输入量程即（0～10）V，（0～20）V，−5V～+5V，−10V～+10V。如图 11-21 AD754A 输入图所示，图（a）为单极性输入，（0～+10）V 的输入接在 $U_i$⑩和 AGND 间，（0～+20）V 输入接在 $U_i$⑳和 AGND 间。$R_1$ 用于零点调整（如不需进行调整可把 BIP OFF 直接接 AGND），$R_2$ 用于满量程调整（如不需调整，$R_2$ 可用一个 50Ω±1% 的金属膜固定电阻代替）。图（b）为双极性输入，±5V 输入接在 $U_i$⑩和 AGND 之间；±10V 接在 $U_i$⑳和 AGND 之间。校准方法与单极性输入基本相同。

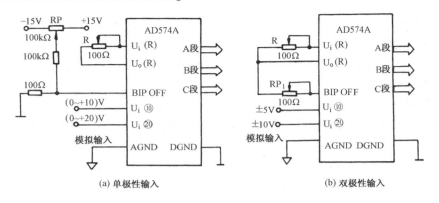

(a) 单极性输入        (b) 双极性输入

图 11-21   AD 574A 输入图

# 11.4   传感器接口（输入通道）的建立

在本章的前几节已经介绍了单路模拟输入的输入通道的结构，本节只介绍多通道输入的结构及应用。

## 11.4.1   多路模拟输入的输入通道结构

在实际的微机检测系统中，被测量往往是多个，也就是说用一套系统同时实现对多个量的检测，这样就要求系统中有多个传感器同时进行检测。多个传感器与微机进行连接时就不能再用前面讲过的单输入通道，而应用多路模拟输入的输入通道。多路模拟输入的输入通道结构主要有如下三种。

### 1. 各路独立转换的多路模拟输入通道

这种通道结构的特点是各路模拟输入信号都对应有自己独立的 A/D 转换通道，因此可以允许对各路信号同时采样、同时转换、同时得到转换结果。各路独立转换的多路模拟输入通道结构图如图 11-22 所示。这种结构的采样频率可以达到几乎与单路一样高，所以特别适合于多通道快速转换，尤其是各通道的采样频率不同的情况。图中 S/H 是采样保持器，可以根据输入信号的不同，进行取舍。

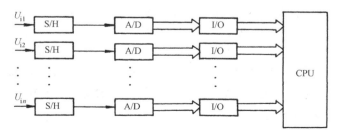

图 11-22   各路独立转换的多路模拟输入通道结构图

**2．各路独立采样共同转换的多路模拟输入通道**

在这种结构中每个通道都有采样保持器，而共用一个 A/D 转换器。各路独立采用共同转换器的多路模拟输入通道结构图如图 11-23 所示。这种结构能同时对各信号进行采样，然后分时进行转化，节省了 A/D 转换器。

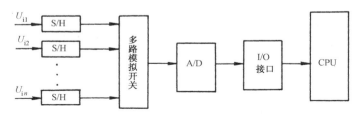

图 11-23　各路独立采样共同转换器的多路模拟输入通道结构图

**3．各路共同采样、转换的多路模拟输入通道**

这种模拟输入通道结构将各路分时共享的范围扩大到全套通道设备，通过多路开关将各路模拟输入信号分时输入到采样保持器，经采样保持后进行 A/D 转换，结构图如图 11-24 所示。这种通道结构在精度上与上一种结构差不多，速度更慢些，但进一步降低了成本，并且必要的时候还可以通过增加多路模拟开关来增加输入通道数，所以在实际的巡回检测系统中应用较多。

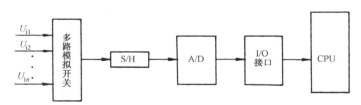

图 11-24　各路共同采样、转换的多路模拟输入通道结构图

## 11.4.2 传感器接口技术的应用

传感器接口即输入通道，是连接传感器与微机的桥梁，在有计算机参与的智能检测系统中输入通道是必不可少的组成部分，在检测中起到了重要的作用。

温度测量是工业生产中经常遇到的测量。采用单片机控制的温度检测系统，可以在测量的同时进行反馈控制，因此可以精确的控制温度，提高产品的加工质量。

如某厂有一组热处理炉，共 8 台，炉温变化范围为（0～800）℃。每台处理炉由一支热电偶测量其温度，通过变送器送出（0～5）V 电压信号。现要求设计一单片机检测系统，对各处理炉进行巡回检测，允许检测误差为±1%。

本系统为 8 路巡检系统，由于温度变化缓慢，所以不用采样保持器。这样输入通道只需由 A/D 转换器和多路模拟开关组成。由于检测精度不高，因此可以选择 8 通道 8 位 A/D 转换器 ADC 0809，其满刻度调整误差为 1LSB=0.391%，小于 1%，满足精度要求。且 ADC 0809

内部具有 8 通道模拟开关，因此不需另加多路模拟开关。

图 11-25 为 8 路温度巡回检测系统硬件原理图。ADC 0809 的通道选择由 8031 的低 3 位

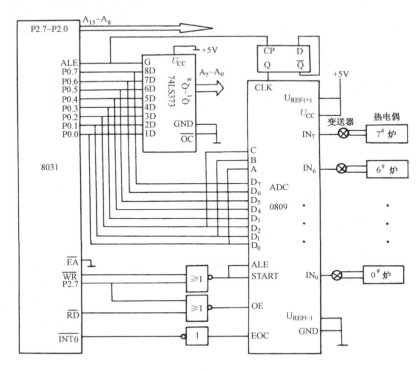

图 11-25　8 路温度巡回检测系统硬件原理图

数据线决定；启动端和地址锁存允许由 8031 的 $\overline{WR}$ 与 P2.7 相或后进行控制；转换结束信号 EOC 经反相器反相后向 8031 申请中断。显然，启动转换与读取数据的接口地址要求 P2.7 为 0。

8 路温度巡回检测系统流程如图 11-26 所示。主程序完成各种初始化工作，如中断初始化设置，数据缓冲区指针设置，赋通道号初值，启动转换。然后进入主循环程序段，反复调用诸如数字滤波、标度变换、越限处理、显示输出等子程序。中断服务程序则完成读取转换数据、修改通道号、启动下一通道等功能。

部分程序代码如下：

```
ORG 0000H:
        AJMP MAIN              ; 复位后跳至主程序
        ORG 0003H             ; 外部中断 0 入口
        AJMP PINT0            ; 转至中断服务程序
        ORG 0200H             ; 主程序
MAIN:   MOV   R0,#30H          ; 建立数据缓冲区指针
        MOV   R1,# 20H         ; 通道号初值
        MOV   @R1,#00H
        SETB  IT               ; 脉冲方式触发中断
        SETB  EA               ; 开放总中断
```

```
            MOV   DPTR,#7FFFH        ; 送 A/D 转换器地址
            MOV   A,@R1              ; 送 0 通道号
            MOVX @DPTR,A             ; 启动转换;
LOOP:       ACALL SUB1              ; 调用典型子程序
            ACALL SUB2;
            ……
            AJMP   LOOP;
            ORG 1000H               ; 中断服务程序入口
PINT0:      MOV DPTR,#7FFFH
            MOVX A,@DPRT            ; 读转换数据
            MOV @R0,A               ; 转换数据存入缓冲区
            INC R0                  ; 修改数据缓冲区指针
            INC @R1                 ; 通道号加 1
            CJNE @R1 ,#08H,DONE     ; 判别 8 个通道是不是转换完毕
            MOV @R1,#001            ; 重新赋通道号初值
DONE:       MOV A,@R1
            MOVX DPTR,A             ; 启动下通道
            RETI                    ; 中断返回
```

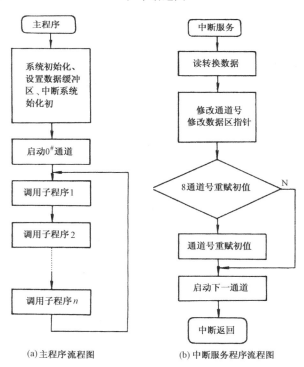

(a)主程序流程图　　　　　(b)中断服务程序流程图

图 11-26　8 路温度巡回检测系统流程图

### 11.4.3 传感器接口技术的应用Ⅱ

由于单片机具有位处理功能，所以可以实现开关量的控制。在传感器中，很多传感器能接收输入信号，而以开关信号输出。这里介绍的自动装箱系统就是利用光电传感器检测产品输出的开关信号控制产品的自动装箱。

如图 11.27 是产品自动装箱系统原理图。系统中有两条传送带：传送带 1 是包装箱传送带，传送带 2 是产品传送带。传送带 2 将产品从生产区传送到包装区，产品到传送带 2 的末端时，就会掉入包装箱，同时被检测器 2（光电传感器）检测并计数。传送带 1 把满箱运走，并用空箱代替，为使空箱对准产品，用检测器 1（光电传感器）检测到位。

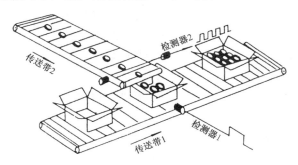

图 11-27　产品自动装箱系统原理图

图 11.28 是单片机控制产品自动装箱控制系统原理图。单片机用 8031 用 P1.7 控制带 2，P1.6 控制带 1，P1.6，P1.7 均通过一个反向驱动器与光电耦合器的发光二极管阴极相连，通过改变光敏电阻阻值改变 GATE 点的电位，从而控制三端双向晶闸管的通、断，以实现对电动机的启、停控制。若 P1.6 或 P1.7 为主电平，发光二极管阴极为低电平而发光，光敏电阻接受光照阻值变小，GATE 点电位上升，到达一定值时，三端双向晶体管接通，电动机转。

P1.0 和 P1.1 接光电传感器 1 和 2，当有产品被计数或空箱到位，P1.0 和 P1.1 就会得到一个正脉冲。包装箱到位和产品计数流程图如图 11.29 所示。

图 11.30 是产品自动装箱控制流程图。程序清单如下：

```
        ORG  2000H
START:  ANL   P1，#3FH      ;   停止两个传送带
        ORL   P1，#40H      ;   启动带 1，停止带 2
LOOP1:  JB    P1.0，LOOP1   ;   检测包装箱是否到位，
                                等待 P1.0 为低电平
LOOP2:  JNB   P1.0，LOOP2   ;   等待 P1.0 为高电平，
                                新空箱到位
        ANL   P1，#0BFH     ;   停止带 1
        SETB  P1.7          ;   启动带 2
        MOV   R1，#00H       ;   计数器清零
LOOP3:  JNB   P1.1，LOOP3   ;   等待 P1.1 为高电平
```

| LOOP4: | JB | P1.1，LOOP4 | ; | 等待 P1.1 为低电平， |
| | | | | 检测产品是否到来 |
| LOOP5: | JNB | P1.1，LOOP5 | ; | |
| | INC | R1 | ; | 计数器加 1 |
| | MOV | A，R1 | | |
| | XRL | A，#64H | ; | 箱内装 100 个产品 |
| | | | | 吗？ |
| | JNZ | LOOP3 | ; | 未满，继续 |
| | AJMP | START | ; | 已装箱，换箱 |
| | END | | | |

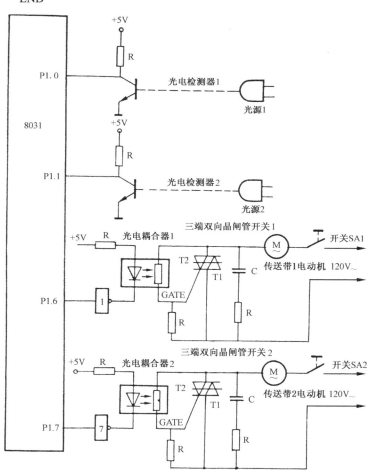

图 11.28　单片机控制产品自动装箱控制系统原理图

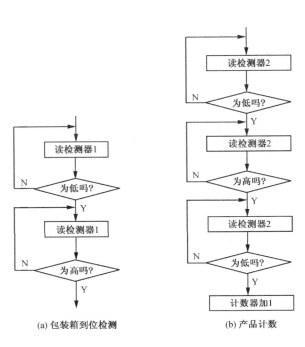

(a) 包装箱到位检测　　　　(b) 产品计数

图 11-29　包装箱到位和产品计数流程图

图 11.30　产品自动装箱控制流程图

 **思考题**

11.1　什么是输入通道，它有哪些特点？

11.2　输入通道有哪几种结构？这几种结构是根据什么来确定的？

11.3　多路模拟开关可分为哪几类？各有什么特点？

11.4　采样保持器的工作原理是什么？它有哪些性能指标？

11.5　A/D 转换器可分为哪几类？各有什么优缺点？

11.6　试说明逐次逼近型 A/D 转换器的工作原理。

11.7　A/D 转换器的启动信号有几种？各有什么特点？

11.8　A/D 转换器的转换结束信号的作用是什么？

11.9　多路模拟输入通道有哪几种结构？各有什么特点？

11.10　试设计一个 8 路巡检系统，要求选择器件，并画出结构框图（传感器输出信号变化较快，微机可使用 8031 单片机）。

# 第12章

# 智能仪器简介

随着科学技术的发展，测试技术越来越复杂。在计算机技术飞速发展的今天，以智能仪器、仪表为基本部件的自动测试技术和自动测试系统也就应运而生了。

所谓智能仪器就是指含有微处理器的仪表和装置，它不但能进行测量，而且能存储数据和处理数据，同时在自动化系统中能接受内部或外部的命令，实现自动测量与控制功能。

## 12.1 智能仪器的组成及特点

智能仪器主要由硬件和软件两大部分组成：硬件包括数据采集装置和接口；软件包括数据处理等。

### 12.1.1 智能仪器的硬件结构

智能仪器的硬件部分由数据采集装置和微型计算机（包括键盘、显示器、打印机及接口电路）两部分组成。智能仪器的结构框图如图 12-1 所示。微处理器作为控制单元，控制数据采集单元进行采样，并对采样的数据进行计算和处理，如数字滤波、标度变换、非线性补偿等，然后对结果进行显示和打印。

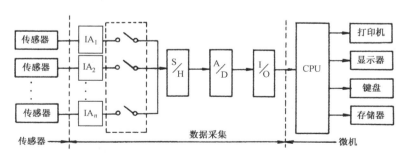

图 12-1　智能仪器的结构框图

智能仪器在使用中，常常被视为一级自动检测系统，这种自动检测系统是开环的。自动检测系统框图如图 12-2 所示，它是将传感器检测到的信息经变送器传输给智能仪器，经分析处理后，再由微型打印机将结果打印出来或由显示器显示出来。

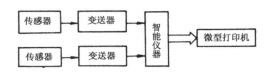

图 12-2　自动检测系统框图

### 12.1.2　智能仪器的结构特点

智能仪器是当代高水平测量仪器的代表，是在常规测量仪器的基础上发展起来的新一代测量仪器，其结构具有如下特点。

#### 1．微处理器化

现在世界上流行的智能仪器中，几乎都带有微处理器及其相应的控制程序。微处理器在测量仪器中的使用，可以说是检测技术上的一个飞跃，是赋予仪器智能特性的核心。从目前的发展趋势来看，微处理器在测量仪器中所发挥的作用将越来越突出。这种仪器内部的微处理器部分实际上是专用微型机，因此，把仪器的其他部分看成微机的相应的外部设备和其接口部分，也未尝不可。微处理器在这里不但要完成某些计算和显示，而且要控制内部操作。

#### 2．采用总线结构和标准化接口

在智能仪器中，仪器设备需要与计算机连接。当仪器设备与计算机间的距离较远时，通常采用串行数据传送方式，因为它节省了传输连线，降低了成本。串行通信方式接口常用 RS232C。仪器仪表与计算机连接总线框图如图 12-3 所示。由于一般仪器与计算机的常用外设不同，它们种类繁

图 12-3　仪器仪表与计算机连接总线框图

多、功能各异、独立性强。一个系统常需要许多不同类型的仪器设备，故应用一般的串行通信接口，如 RS232C 等不能满足要求，因此，人们着手研究能够将一系列仪表设备和计算机连成一个整体的接口系统，即标准总线接口。标准总线接口为硬件和软件的设计提供了极大的方便，对硬件结构来说，由于总线标准的引入，使得仪器仪表和微型机的设计相对独立，只要能实现要求的功能即可，而不必追求结构上的一致，给软件的模块化设计带来了极大的方便。

#### 3．操作面板简单化

智能仪器的面板结构及控制操作与传统仪器已不大相同，淘汰了大多数旋转式波段开关、衰减器、调节器之类的元件，而广泛使用键盘、LED 或 CRT 显示器，它们由微处理器控制，不但能显示检测结果或处理结果，而且可以显示选用的程序、输入的数据，甚至图像、画面等。智能仪器的面板有些像微型机的键盘和显示器部分，由于应用了微处理器，不少硬件被软件代替，从而使仪器的体积和重量相应减小。通常智能仪器的结构都是小巧玲珑的。

**4．结构上向模块化的方向发展**

随着大规模集成电路的发展，各种芯片的功能越来越强，因此只需少数集成芯片组合起来就可以完成大量的任务，这就使智能仪器有可能向着模块化的方向发展。

## 12.2　智能仪器的标准总线接口

所谓总线标准是指国际正式公布或推荐的互联各个模块的标准，是人们把各种不同的模块组成系统时所要遵守的规范。采用总线标准可以为各模块的互联提供一个标准的界面。这个界面对于界面两端的模块来说都是透明的，界面的任何一方，只需根据总线标准的要求来设计和实现接口的功能，而无须参照另一方的接口方式。因此，按总线标准设计的接口具有广泛的通用性。

由于微电子技术和智能检测技术的发展，总线标准也在不断发展。1965 年，美国 HP 公司开始考虑所有将来的 HP 仪器的接口问题，后来设计了 HP-IB 总线。1975 年，美国电气电子工程师协会（IEEE）在 HP 基础上，正式颁布了 IEEE-488 仪器通用接口总线标准，称为IEEE-488 总线。1980 年，国际电工委员会又通过了 IEC-625-I 总线标准，叫做 IEC 总线。这样，目前实际上有两种国际上通用的标准仪器的接口总线，IEEE-488 总线和 IEC 总线。两种总线电气性能是相同的，只要加一个插转接头，两种总线即可通用，它们总称为 GP-IB，即通用仪器接口总线。

### 12.2.1　概述

**1．总线的概念及分类**

所谓总线就是一组信号线的集合，是一组传输规定信息的公共通路。按其用途及应用场合分为以下三类。

（1）内部总线（又称元件级总线）：是指芯片（CPU，存储器，I/O 接口芯片）内部各小部件间、插件板内部各芯片间的连接总线。

（2）系统总线：是指微型计算机系统内连接各插件板的总线，如 S-100 总线、STD 总线、PC 总线等。

（3）外部总线（又称通信总线）：这种总线用于微机与微机或其他外部设备（例如仪器）间的通信。

**2．GP-IB 总线标准**

因为计算机内部采用完全不同的总线标准，为使计算机能与 GP-IB 总线连接，必须有一套实现总线之间转换的硬件和软件。硬件就是 GP-IB 总线芯片。这种芯片安装在仪器内部及微型计算机内，有些厂家还配置了适合本机使用的 GP-IB 接口板，并提供了专门的管理软件，为实现微型计算机对仪器设备的控制及通信提供了方便。

图 12-4 为采用 GP-IB 总线标准的数据采集系统。接在总线上的每一个设备（微型计算机、

数字仪器或 IEC 仪器等），都有三种工作方式可供选择。

（1）"讲者"方式：向数据总线上发送数据信息的仪器设备。一个系统可以有两个以上的讲者，但同一时刻只能有一个讲者工作。微型计算机、数字电压表、频谱分析仪、磁带机等仪器设备，若配有专用的接口芯片，便具有这种功能。

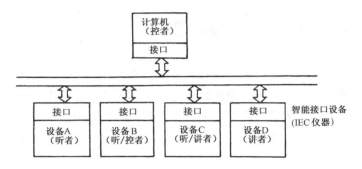

图 12-4　采用 GB-IB 总线标准的数据采集系统

（2）"听者"方式：从数据总线上接收数据信息，即能接收"讲者"所发出的信息的仪器。同一时刻可以有两个以上的听者工作。如微型计算机、打印机、绘图仪等设备，若配有相应的接口芯片，便具有这种功能。

（3）"控者"方式：对总线进行控制的仪器设备。它可以指定"讲者"和"听者"，可以向总线设备发布命令，还可以控制数据交换等。系统中可以有多个控者，但同一时刻只能有一个"主控者"工作。控者通常由微型计算机担任，机内配有专用接口芯片。

接在总线上的每个设备，在某一时刻只能选择上述三种方式之一工作，但不同时刻可按不同的方式工作。每个设备在总线上的地位总是经常变化的，任一时刻的"讲者"和"听者"是由控者根据系统需要"任命"的。

### 12.2.2　IEEE-488 总线

IEEE-488 总线是并行通信总线，它结构简单，使用灵活，通用性强，成本低廉，因而被广泛应用于微机与仪器仪表及其他外围设备的连接。

#### 1．总线特性

（1）采用并行传输方式传输信号；
（2）具有 16 根信号线，采用标准 24 针插头座（美国 57 系列）；
（3）信号电平与 TTL 电平兼容；
（4）信号最高传输速率为 1MB/s；
（5）总线上最多可连接 15 台设备；
（6）最大传输距离为 20m。

#### 2．IEEE-488 系统的信号线及其功能

表 12-1 所列为 GP-IB 总线中的信号线，按其功能可分为三大类，即双向数据总线（8 根）、

联络总线（3 根）和接口管理总线（5 根）。

表 12-1　IEEE-488 标准和 IEC-IB 标准

| IEEE-488 | | | | IEC-IB 标准 | | | |
|---|---|---|---|---|---|---|---|
| 引脚号 | 符号 | 引脚号 | 符号 | 引脚号 | 符号 | 引脚号 | 符号 |
| 1 | $DIO_1$ | 13 | $DIO_5$ | 1 | $DIO_1$ | 14 | $DIO_5$ |
| 2 | $DIO_2$ | 14 | $DIO_6$ | 2 | $DIO_2$ | 15 | $DIO_6$ |
| 3 | $DIO_3$ | 15 | $DIO_7$ | 3 | $DIO_3$ | 16 | $DIO_7$ |
| 4 | $DIO_4$ | 16 | $DIO_8$ | 4 | $DIO_4$ | 17 | $DIO_8$ |
| 5 | EOI | 17 | REN | 5 | $REN_5$ | 18 | 地 |
| 6 | DAV | 18 | 地 | 6 | EOI | 19 | 地 |
| 7 | NRFD | 19 | 地 | 7 | DAV | 20 | 地 |
| 8 | NDAC | 20 | 地 | 8 | NRFD | 21 | 地 |
| 9 | IFC | 21 | 地 | 9 | NDAC | 22 | 地 |
| 10 | SRQ | 22 | 地 | 10 | IFC | 23 | 地 |
| 11 | ATN | 23 | 地 | 11 | SRQ | 24 | 地 |
| 12 | 机壳地 | 24 | 地 | 12 | ATN | 25 | 地 |
| | | | | 13 | 机壳地 | | |

（1）数据总线（8 条）：数据总线由 $DIO_1\sim DIO_8$ 组成。GP-IB 总线中没有专门的地址总线与控制总线，所以数据总线除传递数据信息外，还要用来传送地址和控制信号，如设备的地址和"讲者"、"听者"的设定等。

（2）联络总线（3 条）：又称挂钩母线，用以保证信息的可靠传送。因为在数据传送过程中，"讲者"和"听者"之间需要联络，故联络总线实际上是它们之间的应答线。这 3 条线的定义和功能如下。

DAV——数据有效线：由"讲者"（或"控者"）发出，通知"听者"DAV 总线的数据是否有效。当"讲者"置 DAV 线为低电平时，示意所有"听者"可以从数据总线上接收数据。

NRFD——未准备好接收数据线：由"听者"发出，用来告诉"讲者"或"控者"，自己是否已准备好接收数据。当 NRFD 线为高电平时，则表示所有"听者"都准备好接收数据，示意"讲者"可以发送信息，否则，就不能发送。

NDAC——数据未接收完毕线：是"听者"向"讲者"报告数据接收完否。当 NDAC 变为高电平时，表示所有"听者"（包括最慢"听者"）都已接收完数据，示意"讲者"这时才能撤销数据总线的信息。

（3）接口管理总线（5 条）：用于控制接口的工作方式。

IFC——接口消除线："控者"将此线变为低电平，使所有设备恢复到初始状态。

ATN——注意线：由"控者"使用，用以指明 DIO 线上的信息的类型。当 ATN=1，说明 DIO 线上的信息是"控者"发出的指令或地址。当 ATN=0 时，表明 DIO 线上的信息是"讲者"发出的数据或状态信号。

REN——远程允许线：此线由"控者"使用。当 REN=1 时，"听者"均处于远程控制状态，即由控者通过接口总线来控制设备。当 REN=0 时，设备处于面板开关控制的"本地"状态。

SRQ——服务请求线：所有设备对这条线是"或"在一起的，任一设备都可以改变这条线的电平状态，即有某设备向"控者"发出服务请求。"控者"接到此请求后，中断正在执行的工作，对请求设备服务。

EOI——结束或识别线：此线可被"讲者"用来批示多字节数据传送的结束，也可被"控者"用来响应服务请求。EOI 和 ATN 线配合使用，若 EOI=1，而 ATN=0，表示"讲者"发送的数据结束；若 EOI=1，而 ATN=1，表示"控者"执行查询（识别）操作，"控者"可将数据总线上的数据与一个预先设定的表进行比较，即可判断是哪个设备的服务请求。

### 3. IEEE-488 总线接口芯片

由于 IEEE-488 总线的应用非常广泛，为了实现系统与该总线的连接，许多公司和厂家生产出了各种接口芯片，如 Intel8291/8292，MC68488，TMS9914 等。它们性能不尽相同，有的只能作"讲者"和"听者"，有的能作"控者"。如应用 8291（"讲者"/"听者"）和 8293（总线收发器）可组成"讲者"/"听者"系统，再加上 8292（控制器），可组成"讲者"/"听者"/"控者"系统。

 ## 思考题

12.1　画图说明智能仪器的组成结构。

12.2　智能仪器的特点是什么？

12.3　总线上的连接设备总共有几种工作方式？

12.4　智能仪器通用的总线标准有几种？

12.5　IEEE-488 总线的特性是什么？

# 参 考 文 献

1. 严钟豪等. 非电量电测技术（第 2 版）. 北京：机械工业出版社，2010
2. 常健生. 检测与转换技术. 北京：机械工业出版社，2001
3. 梁森等. 自动检测与转换技术（第 3 版）. 北京：机械工业出版社，2007

# 读者意见反馈表

书名：传感器原理与应用（第2版）　　　主编：郝芸　梅晓莉　　　责任编辑：杨宏利

> 感谢您购买本书。为了能为您提供更优秀的教材，请您抽出宝贵的时间，将您的意见以下表的方式（可从 http://www.hxedu.com.cn 下载本调查表）及时告知我们，以改进我们的服务。对采用您的意见进行修订的教材，我们将在该书的前言中进行说明并赠送您样书。

**个人资料**

姓名_____电话_____手机_____E-mail_____

学校_____专业_____职称或职务_____

通信地址_____邮编_____

所讲授课程_____所使用教材_____课时_____

**影响您选定教材的因素（可复选）**

□内容　□作者　□装帧设计　□篇幅　□价格　□出版社　□是否获奖　□上级要求

□广告　□其他_____

**您希望本书在哪些方面加以改进？（请详细填写，您的意见对我们十分重要）**

_____

_____

_____

_____

_____

**您希望随本书配套提供哪些相关内容？**

□教学大纲　□电子教案　□习题答案　□无所谓　□其他_____

**您还希望得到哪些专业方向教材的出版信息？**

_____

**您是否有教材著作计划？如有可联系：010-88254587**

_____

**您学校开设课程的情况**

本校是否开设相关专业的课程　□否　　□是

如有相关课程的开设，本书是否适用贵校的实际教学_____

贵校所使用教材_____出版单位_____

**本书可否作为你们的教材　□否　　□是，会用于_____课程教学**

谢谢您的配合，请将该反馈表寄到下面地址。

**通信地址：北京市万寿路 173 信箱　　白楠　收　　电话：010-88254592**

E-mail: bain@phei.com.cn　　　　邮编：100036